DATA

ALGORITHM

予備知識ゼロからの
機械学習

最新ビジネスの基礎技術

オリバー・セオバルト 著

河合美香、森 一将、渡邉卓也、平林信隆、鈴木俊洋 訳

COOL STUFF

LEARNING

東京図書

Machine Learning for Absolute Beginners, Third Edition:
A Plain English Introduction

序

　機械の歴史は、産業革命で始まり、その後長い道のりを歩んできました。機械は、現在でも工場のフロアや製造現場で利用されていますが、その能力は、手作業の代わりをするだけでなく、今までは人間しか実行できないと思われていた認知タスクにも及んでいます。機械が人間の代わりに行うことができる複雑なタスクの例として３つ挙げると、歌のコンテストの審査、自動車の運転、不正取引の検出といったものがあります。

　しかし、こういった機械の驚くべき能力に恐怖を感じる人たちもいます。生存主義者（大災害に備えて食料や武器を確保する人々）と言われる人たちは、途方もない不安にかられ、「もしとんでもない出来事が起こったらどうなるのだろう？」という解決しようもない疑問に苛まれます。

　「知能を持った機械が、我々に襲い掛かって来やしないだろうか？」「知能を持った機械が、人間の与えるつもりのない能力を持つことになったら、何が起こるのだろう？」「シンギュラリティが本当に起こったらどうなるのだろう？」というように。

　現実的な問題として、自分の仕事がなくなるのではないか、と脅威に感じる人もいます。特に、タクシー運転手や会計士などの人であれば、心配するべき十分な根拠があります。2015 年に BBC が発表したイギリス国家統計局とデロイト UK の共同研究によると、2035 年までには、バーの店員（77%）、ウェイター（90%）、公認会計士（95%）、受付（96%）、タクシー運転手（57%）といった職業は自動化される可能性が高いということです[1]。

　とはいえ、仕事の自動化の予測や、機械と人工知能（AI）の将来の進化に関する研究に関しては、水晶玉占いのようなものとして、多少懐疑心を持って記事を読まなければなりません。『スーパーインテリジェンス：道のり、危険、戦略』の著者ニック・ボストロムは、AI の到達目標や状況が絶えず変化していることについて、次のように述べています。

---

[1]　"Will A Robot Take My Job?", The BBC, accessed December 30, 2017,
　　 http://www.bbc.com/news/technology-34066941

AIは20年間は注目を浴び重視される状況にある分野だが、一連のブレイクスルーが発生するにはまだまだ時間が多くかかるかもしれない。[2]

　AIが急速に発展し広く応用されていることは知られていますが、予想のつかないチャレンジで満ち溢れています。それは、地図に載っていない道のようなものであり、開発の遅れやその他の障害は避けることができません。機械学習というのは、スイッチを入れればスーパーボウル（プロフットボールの王座決定戦）の結果の予測ができるとか、注文したらおいしいマティーニが提供されるというような単純なものではありません。

　機械学習は、典型的なすぐ使える分析ソリューションとは異なり、データサイエンティストや機械学習エンジニアと呼ばれる専門家が管理および監視する統計アルゴリズムに依存するものです。機械学習の労働市場は、雇用機会が拡大することは必然であるにも関わらず、供給がまだまだ需要に追い付いていない状況なのです。実際、必要な専門知識とトレーニングを受けた専門家が不足していることが、AIの進歩を遅らせる主な障害の一因となっています。ベラトリックス・ソフトウェア社における権威ある指導者であるチャールズ・グリーンは次のように述べています。

第一に、データサイエンティストや機械学習の知識を持つ人々、またデータを分析して使用するスキルを持つ人々、および機械学習に必要なアルゴリズムを作成できる人々を見つけることは大変な課題である。第二に、AI技術はまだ出現したばかりで、その多くはまだ開発中である。AIは、我々が想像している姿からはるかにかけ離れていることは明らかである。[3]

　おそらく、皆さんが機械学習の分野で働くための道のりはここがスタート地点かもしれませんし、今のところは基本的な内容の理解が好奇心を満たすのに十分なのかもしれません。

[2]　Nick Bostrom, "Superintelligence: Paths, Dangers, Strategies," *Oxford University Press*, 2016.

[3]　Matt Kendall,"Machine Learning Adoption Thwarted by Lack of Skills and Understanding," Nearshore Americas,accessed May 14,2017,
http://www.nearshoreamericas.com/machine-learning-adoption-understanding

この本は、皆さんを機械学習へ導くための主要な用語、一般的なワークフロー、および基本的な機械学習のアルゴリズムの統計学的基盤を含む高いレベルの基礎に焦点を当てています。機械学習の設計やコーディングのためには、まずは古典的統計学をしっかり理解する必要があります。統計学から導出されたアルゴリズムは、機械学習の理論の中心に位置し、人工知能の能力を強化する、ニューロンや神経の役割を担うものを構築します。コーディングは機械学習のもう一つの不可欠な部分です。この作業には、大量のデータの管理と操作が含まれます。機械学習は、Wix や WordPress などのクリック＆ドラッグツールで Web2.0 ランディングページを構築するのとは異なり、Python、C++、R、およびその他のプログラミング言語に大きく依存しています。もし、適切なプログラミング言語をまだ習得していない場合は、この分野でさらに進んだ勉強をしたいならば関連する言語を習得する必要があります。ただし、本書の目的は機械学習のコンパクトな入門ですから、本書では、プログラムの経験が無くても読み進めることができるように執筆しました。

　本書は初心者のための機械学習の入門書ではありますが、数学やコンピュータープログラミング、統計学の入門書ではないことをことわっておきます。こういった分野に対する大まかな知識や、インターネット接続へアクセスできることが、後の章では理解を助けるために必要になることがあります。

　機械学習のコーディングについて知りたい方は、15 章と 16 章で Python を使用して機械学習モデルを設定するプロセス全体について説明しますのでご覧ください。付録では、Python を使用した易しいコーディングを紹介しています。

オリバー・セオバルト

CONTENTS

01 機械学習とは何か

1959 年、IBM は「IBM 研究開発ジャーナル」（IBM Journal of Research and Development）に、当時としては聞きなれない、興味深いタイトルの論文を発表しました。IBM のアーサー・サミュエルによって作成されたこの論文は、「チェッカーゲームのプレイを学習するようコンピューターにプログラムすることで、コンピューターは、人間のプログラマーよりも上手にプレイできるようになる」という事実を検証するため、機械学習の応用を研究したものでした[1]。（チェッカーゲームは、ボードゲームの一つ。コンピューターゲームでは computer draughts とも呼ばれます。）

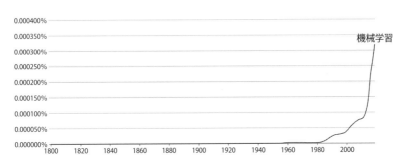

図 1　出版された本における「機械学習」の言及の推移
出典：Google Ngram Viewer、2017 年

それ自体は「**機械学習**」という用語を使用した最初の出版物ではありませんでしたが、サミュエルは、現在私たちが 1 つの概念や専門分野と認めている「機械学習」というものを作り、定義した最初の人物であると考え

---

[1]　Arthur Samuel, "Some Studies in Machine Learning Using the Game of Checkers," *IBM Journal of Research and Development*, Vol. 3, Issue. 3, 1959.

られています。サミュエルは、この画期的な論文「チェッカーゲームを使用した機械学習の研究」によって、機械学習を、コンピューターサイエンスの1つの分野として導入しました。これは、コンピューターが、明示的なプログラムがなくても学習できることを目指す試みでした。

　サミュエルの初期の定義では直接的には扱われていませんが、機械学習の重要な特徴は「自己学習」の概念です。これは、プログラミングコマンドを用いずに、データと経験的情報に統計モデリングを適用し、パターンを検出して、パフォーマンスを改善することを意味します。このようにサミュエルは、機械学習を、明示的なプログラムをせずに学習することのできる能力として説明しました。サミュエルは、機械が事前のプログラムなしで判断を下すことができるとは推測していませんでした。実際のところ、機械学習においてコードコマンドの入力は重要です。しかしサミュエルは、入力コマンドに頼るというよりも、入力データを使用することによって、まとまったタスクを実行できることに気づいたのです。

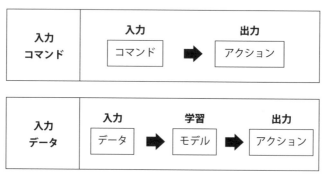

図2　入力コマンドと入力データの比較

　入力コマンドの例としては、**Python** などのプログラミング言語で「2＋2」を入力し、「実行」をクリックするか「Enter」を押すと、次のように出力が表示されます。

```
>>> 2+2
4
>>>
```

これは、多くのコンピューターアプリケーションで一般的な、事前のプログラムどおりの応答を返すコマンドの例です。出力や判断がプログラマーによって事前に定義されている従来のコンピュータープログラミングとは異なり、機械学習は、決定モデルを構築するための入力としてデータを活用します。確率論的推論、試行錯誤、およびその他の計算集中型の手法を使用して、データの関係とパターンを解読することによって判断が下されるのです。つまり、決定モデルの出力は、人間のプログラマーによって事前に定義され設定されたルールではなく、入力データの内容によって決定されるのです。人間のプログラマーは、モデルにデータを送り、適切なアルゴリズムを選択し、その設定（**超母数**（hyperparameter）と呼ばれる）を調整して予測エラーを減らす必要がありますが、今日では機械と開発者は従来のプログラミングとは異なり、**層**を分けて操作します。

　たとえば、決定モデルで YouTube の視聴動向を分析することによって、データサイエンティストが猫の動画を見るという有意な関係性を見い出すかもしれません。また、別のモデルでは、野球選手の身体能力のパターンを識別し、MVP（シーズンの最も価値のある選手への賞）を獲得する可能性を予想します。

　最初の例では、データサイエンティストが YouTube で楽しんでいる動画を機械学習で分析しました。このとき、評価、チャンネル登録、繰り返し視聴を用いました。2番目の例では、機械学習を用いて、過去の野球の MVP 選手達について、年齢や教育などの特徴や、その身体能力を評価しました。ただし、この2つの例は、これらの結果を生成するように明示的にプログラムされたわけではありませんでした。この出力は、入力として提供されたデータにある複雑なパターンを、人間の力を借りずに解読することによって決定されたのです。このことは、もし異なる時期の異なるデータを入力すれば、出力が少しだけ異なる可能性があることを意味します。

　機械学習の別の特徴は、経験に基づいて予測を改善する機能です。人間が過去の成功や失敗といった経験に基づいて決定を下す方法をまねて、機械学習はデータへの接し方を学び、決定結果を改善していきます。データ傾向を一般化することで有用な経験が得られ、モデルをデータの中にあるパターンにあてはめていきます。逆に、入力データが不十分な場合、デー

タの基になるパターンを分解するモデルの能力が発揮されず、新たなデータでのさまざまな変化やランダムな現象に対処することが難しくなります。十分な入力データに触れることは、モデルがパターンをより深く理解し、データの重要な変化に気づき、効果的な自己学習モデルを構築するのに役立ちます。

　自己学習モデルの一般的な例として、スパムメールを検出するシステムが挙げられます。最初の入力データに基づいて、モデルは、過去にスパムメールと見なされたメッセージに頻出している特定のキーワードを含む、疑わしい件名や本文テキストを持つEメールの検出を学習します。Dear friend, free, invoice, PayPal, Viagra, casino, payment, bankruptcy, winner（親愛なる友人、無料、請求書、PayPal、バイアグラ、カジノ、支払い、破産、勝者）などのキーワードが含まれる場合は、スパムメールの可能性があると見なすのです。より多くのデータが機械に供給されると、例外の場合や誤った仮定にも気づき、より正しい予測を導くモデルを構築できます。しかし、参照するデータが限られていると、たとえば、「PayPalはeBayで購入したCasino Royaleの支払いを受け取りました。」という件名のEメールは、誤ってスパムとして分類される可能性があります。

　これはPayPal自動応答から送信された本物の電子メールでしたが、スパム検出システムは、初期入力データに基づいて、誤まった検知を生成するように誘導されてしまったのです。従来のプログラミングは、モデルが事前設定されたルールに従って厳密に定義されているため、このような問題が起きることが非常によくあります。一方、機械学習は、データに触れることでモデルを改良し、仮定を調整して、さきほどのような紛らわしい例にも適切に対応できるのです。

　データは自己学習プロセスのソースとして使用されますが、より多くのデータがより良い決定を導くとは必ずしも言えません。入力データはモデルの適用能力に見合ったものでなければいけません。『データとゴリアテ──データを収集して世界を制御するための隠された戦い』[2]（"Data

---

[2]　Bruce Schneir, "Data and Goliath: The Hidden Battles to Collect Your Data and Control Your World," *W. W. Norton & Company*, First Edition, 2016.

and Goliath: The Hidden Battles to Collect Your Data and Control Your World") という著書で、ブルース・シュニールは「針を探すとき、あなたが最もしたくないことは、それの上に多くの干し草を積み重ねることです。」と述べています。つまり、不適切なデータを追加すると、欲しい結果を得るには逆効果になる可能性があります。さらに、入力データの量は、自己学習のために使用可能な設備や時間に見合う必要があります。

訓練データとテストデータ

　機械学習では、入力データは通常、**訓練データ**（training data）と**テストデータ**（test data）の2つに分割されます。分割したデータの1つめは訓練データと呼ばれます。これは、モデルの開発に使用するために最初に確保されたデータです。スパムメール検出の例では、初めの訓練データによるモデルにて、PayPal 自動応答メッセージなどが誤まってスパムとして検出される可能性があります。そこで、モデルに変更を加える必要があります。たとえば、送信アドレス「payments@paypal.com」から発行されたメール通知をスパムフィルタリングから除外するとよいでしょう。機械学習を適用すると、直接的な人間の干渉なしに、このような改良を（スパムメッセージの過去の例を分析し、そのパターンを解読することによって）自動的に行うようにモデルをトレーニングできます。

　訓練データに基づいてモデルの開発に成功し、その精度に満足したら、次に、テストデータと呼ばれる残りのデータでモデルをテストできます。テストの結果に満足できたら、いよいよ、実際に新たなメールからスパムを検知するという任務の準備が整ったことになります。訓練データとテストデータについては、第5章で詳しく説明します。

機械学習の構造

　この章の最後のセクションでは、データサイエンスやコンピューターサイエンスにおける、機械学習の位置付けを説明しましょう。機械学習が親となる分野や姉妹となる分野とどのように関連しているかも、お話しします。機械学習の文献やコースで関連分野の用語に遭遇するので、このことは重要です。関連する分野、特に機械学習とデータマイニングは区別するのが難しい場合もあります。

まずは大きな分野の話から始めましょう。機械学習、**データマイニング、人工知能（AI）**、およびコンピュータープログラミングは、コンピューターサイエンスの傘下に入ります。コンピューターサイエンスは、コンピューターの設計と使用に関連するすべてを網羅します。データサイエンスは、コンピューターサイエンスの一部で、コンピューターを用いてデータから知識や洞察を得る方法・システムを研究する分野です。

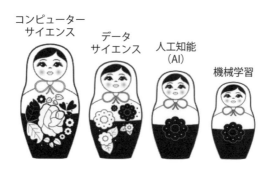

図3　ロシアのマトリョーシカ人形の列で表される機械学習の系統

　図3の左から3番目のマトリョーシカ人形は人工知能であり、コンピューターサイエンスとデータサイエンスの一部です。人工知能、すなわちAIは、機械が知能および認知に関するタスクを実行する能力です。産業革命が物理的なタスクを実行する機械の時代を切り拓いたのと同様に、AIは認知能力を人間のかわりに実行する機械の開発を推進しています。

　AIはコンピューターサイエンスそしてデータサイエンスの一部ではありますが、まだ大きな分野といえ、今日注目されニュース価値のある多数のサブ分野にまたがっています。これらのサブ分野には、検索と計画、推論と知識の表現、知覚、自然言語処理（NLP）、そしてもちろん機械学習が含まれます。

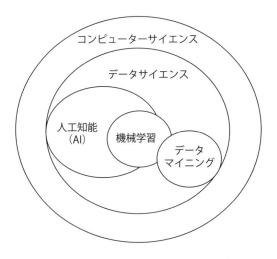

図4　データ関連分野の関係のビジュアル表現

　AIに関心のある学生のみなさんには、AIの全範囲を学ぼうとする前に、その中でもより実践的である機械学習を、まず学ぶことをお勧めします。

　機械学習に適用されるアルゴリズムは、知覚や自然言語処理など、他の分野でも使用できます。さらに、修士号は、機械学習の一定のレベルの専門家としては十分ですが、人工知能の分野で真の進歩を遂げるには博士号が必要になることも多いでしょう。

　前述のように、機械学習はデータマイニング（大規模なデータセットにおけるパターンの発見と発掘に基づく分野）といわば姉妹の関係にあり、それらは互いに重複しています。どちらの手法も、推論の手法──他の結果を用いた結果予測、および確率論的推論──に基づいています。そしてどちらの手法も、**主成分分析**、**回帰分析**、**決定木**、および**クラスタリング**手法を含む類似のアルゴリズムを各種集めたものから導き出されます。さらに紛らわしいことに、2つの手法は一般に誤って報告されたり、誤用されたりします。教科書『データマイニング：Javaを使用した実用的な機械学習ツールとテクニック』（"Data Mining: Practical Machine Learning Tools and Techniques with Java"）は、当初『実用的な機械学習』と呼ばれていましたが、マーケティング上の理由から、「データマイニング」

が後からタイトルに追加されました[3]。

　さらに、多くの分野を横断した学問であるという性質のため、さまざまな分野の専門家が、データマイニングと機械学習を異なる方法で定義する傾向があります。ですからなおさら、この 2 つは、きちんとした区別がとても難しくなるのです。

　しかし機械学習は、自己学習の段階的なプロセスを重視し、データと経験を通じてパターンを自動的に検出するのに対し、データマイニングは隠れた洞察を抽出する、自己学習とは異なる手法です。

　地球の地殻にランダムに穴を開けるように、データマイニングは、どのような洞察が掘り起こされるかについての明確な仮説なしで始まります。まだマイニングされていないパターンと関係を探し出すため、複雑なパターンを持つ大規模なデータセットを理解するための手法として適しています。『データマイニング：概念と手法』（"Data Mining: Concepts and Techniques"）の著者が述べたように、データマイニング手法の進化は、1980 年代初頭に始まったデータ収集とデータベース管理を含む情報技術の進歩の結果であり[4]、また徐々に大きくなり複雑化するデータセットの理解が急務となったことの結果でもあります[5]。

　データマイニングは新しい出力を予測するための入力変数の分析に重点を置いていますが、機械学習は入力変数と出力変数の両方の分析を行います。機械学習には、入力変数と出力変数の既知の組み合わせの比較からパターンを識別して予測を行う**教師あり学習**、および大量の入力変数をランダムに試行して目的の出力を生成する**強化学習**が含まれます。**教師なし学習**と呼ばれる 3 番目の機械学習手法は、入力変数の分析に基づいて予測を

[3] Remco Bouckaert, Eibe Frank, Mark Hall, Geoffrey Holmes, Bernhard Pfahringer, Peter Reutemann & Ian Witten, "WEKA—Experiences with a Java Open-Source Project," *Journal of Machine Learning Research*, Edition 11, https://www.cs.waikato.ac.nz/ml/publications/2010/bouckaert10a.pdf

[4] データマイニングは、元々「データマイニング」や「情報検索」という名前で知られていました。この手続きが「データベース中の知識発見」やデータの発掘（マイニング）として知られるようになったのは 1990 年代です。

[5] Jiawei Han, Micheline Kamber & Jian Pei, "Data Mining: Concepts and Techniques (The Morgan Kaufmann Series in Data Management Systems)," *Morgan Kauffmann*, 3rd Edition, 2011.

生成し、出力のデータは用いません。この手法は、教師あり学習との組み合わせ、またはその準備の形でしばしば使用され、それは半教師あり学習とも呼ばれます。また、教師なし学習は、データマイニングと重複しますが、関連付けやシーケンス分析などの標準的なデータマイニング方法から逸脱する傾向があります。

手法	入力データ（既知）を使用	出力データ（既知）を使用	方法・目的
データマイニング	✓		入力を分析して、未知の出力を生成します。
教師あり学習	✓	✓	既知の入力と出力の組み合わせを分析して、新しい入力データに基づいて将来の出力を予測します。
教師なし学習	✓		入力を分析して出力を生成します。アルゴリズムはデータマイニングと異なる場合があります。
強化学習		✓	多数の入力変数をランダムに試行して、目的の出力を生成します。

表1　入力と出力のデータ（変数）の使用の有無に基づく手法の比較

　データマイニングと機械学習の違いをより深く理解するために、考古学者の2つのチームの例を考えてみましょう。1番目のチームは、対象となる発掘現場についてほとんど知識がないため、専門知識を用いることで、発掘ツールを最適化してパターンを見つけようとし、また、残骸を取り除いて隠れた遺物を明らかにしようとします。チームの目標は、手作業でその区域を発掘し、新しい貴重な発見を得て、道具や機器を荷物にまとめて次の場所に向かうことです。翌日、彼らは別のエキゾチックな目的地に飛んで、前日に発掘した現場とは関係なく新しいプロジェクトを開始します。

　2番目のチームも史跡の発掘に携わっていますが、彼らは別の方法論を追求しています。彼らは、数週間もメインの穴を掘り続けることはありません。近隣の他の遺跡を訪れ、各遺跡がどのように建設されているかについてのパターンを調べます。各発掘現場に触れることで経験を積み、パタ

ーンを解釈する能力を向上させ、**予測誤差**を減らします。最後の最も重要な遺跡を発掘するときが来たら、彼らは現地の地形についての理解と経験を存分に発揮して、目標の場所を解釈し、予測を行います。

　読者のみなさんもお気づきのことでしょう。最初のチームはデータマイニングに信頼を置いていますが、2番目のチームは機械学習の考え方に基づいています。両チームとも、史跡を発掘して貴重な洞察を得ることが仕事ですが、彼らの目標と方法は明らかに異なります。機械学習チームは、自己学習に投資し、多くのデータに触れることで、予測を行う能力を強化する仕組みを目指します。一方、データマイニングチームは、自己学習ではなく直感に依存する、より直接的でおおまかなアプローチで目標の区域を掘り下げることに集中します。

　次の章では、機械学習に固有の自己学習について、そして、入力変数と出力変数が予測にどのように用いられるかについて、詳しく説明します。

02 機械学習のカテゴリー

機械学習には数百の統計ベースのアルゴリズムが組み込まれており、実行するジョブに適したアルゴリズムやその組み合わせを選択することが常に課題となっています。それぞれのアルゴリズムについて学ぶ前に、機械学習の３つの大きなカテゴリーと、それらの入出力変数の扱いに関して説明しましょう。

教師あり学習

教師あり学習とは、すでに知られている例の中からパターンを抽出し、そこに洞察を加えて再現可能となる答えを出していくという、私たちの能力を模倣したものです。このプロセスは、自動車会社のトヨタが最初の自動車のプロトタイプを設計したパターン観察と同じプロセスとなっています。

トヨタは、自動車を製造するために、独自の設計製造プロセスを考えたり作成したりするのではなく、家族経営をしていた繊維工場の中でシボレー車を分解することによって、最初のプロトタイプを製作しました。トヨタの技術者は、車両（出力：アウトプット）を観察し、その個々の部品（入力：インプット）を分解することによって、アメリカのシボレー社によって秘密にされていた設計プロセスを解読しました。

このような入出力（インプット－アウトプット）の組み合わせを理解するプロセスは、教師あり学習の機械学習に使われています。モデルは、基礎となるパターンを学習するために入力データと出力データの関係を分析して解読します。入力データ（大文字の「X」）は、**独立変数**と呼び、一方の出力データ（小文字の「y」）は、**従属変数**と呼ばれます。従属変数（y）の例は、デジタル写真（顔の認証）の人物の周りを囲む長方形の座標や、家の価格、また物の階級クラス（スポーツカーかファミリーカーかセダンなど）などになります。それらの従属変数に影響を与える独立変数

11

は、ピクセルの色、家のサイズと場所、および車の仕様などです。十分な数の例を分析した後、コンピュータ機械はモデルを作成します。それは、入出力例のパターンから、出力結果を予測し生成するためのアルゴリズムの公式となります。

そのモデルを使用すると、機械は入力データのみに基づいて出力を予測できます。たとえば、中古のレクサスの市場価格は、中古車のウェブサイトで最近販売された他の車のラベル付きの例から予測することができます。

	Input	Input	Input	Output
	車のブランド	走行距離(km)	製造年	販売価格（アメリカドル）
Car 1	Lexus	51715	2012	15985
Car 2	Lexus	7980	2013	19600
Car 3	Lexus	82497	2012	14095
Car 4	Lexus	85199	2011	12490
Car 5	Audi	62948	2008	13985

表2　中古車データセットの抽出

教師あり学習では、 同じような車種の販売価格を用いて、車の価値（出力：アウトプット）とその特性（入力：インプット）の関係を分析し、モデルを作成します。モデルが完成したのち、あなたの車の特徴量を入力すると、価格の予測が生成されるのです。

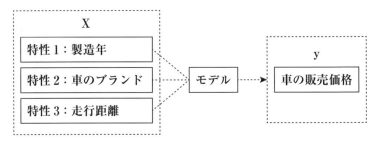

図5　モデルへの入力（X）により、新しい予測（y）が生成されます

12

ラベルのないデータは、モデル生成に使用されることはありません。教師あり学習モデルを生成する場合は、各項目（たとえば、車、製品、顧客）にインプットとアウトプットのラベルを付ける必要があります。インプットとアウトプットは入力値と出力値を意味し、データサイエンスでは「ラベル付きデータセット」と呼ばれています。

　教師あり学習に使用される一般的なアルゴリズムの例には、**回帰分析**（線形回帰、ロジスティック回帰、非線形回帰など）、**決定木、k-最近傍法クラスタリング、ニューラルネットワーク、サポートベクターマシン**などがあり、それぞれは後の章で紹介します。

教師なし学習

　教師なし学習の場合、出力変数にはラベルが付けられず、結果として、入力変数と出力変数の組み合わせは未知となります。教師なし学習は、代わりに、入力変数と出力に関する新しいラベルを作成するために抽出される隠れたパターンの関係に焦点を当てています。

　たとえば、SME（中小企業）と大企業の顧客の購買行動に基づいたデータ点をグループ化すると、データ点の2つのクラスタが出現する可能性があります。これは、中小企業と大企業が異なる調達ニーズを持つ傾向があるためです。たとえば、クラウドコンピューティングの基盤の購入に関しては、必須のクラウドホスティング製品とコンテンツ配信ネットワーク（CDN）は、ほとんどの中小企業にとって十分でしょう。それに対し、大企業は、WAF（Web Application Firewall）、専用プライベート接続、VPC（Virtual Private Cloud）などの高度なセキュリティおよびネットワーキング製品を含む幅広いクラウド製品と完全なソリューションを、購入するでしょう。教師なし学習は、顧客の購買習慣を分析することにより、企業を中小とか大といった規模別に分類したラベルがなくても、これら2つの顧客グループを識別することができます。

　教師なし学習の利点は、2つの主要な顧客タイプの存在など、気づかなかったデータのパターンを発見できることです。また、新しいグループが特定された場合には、さらに分析を行うためのたたき台となります。教師なし学習は、特に不正検知の領域で有力となります。ここでは、最も危険な攻撃は、まだ分類されていないからです。教師なし学習の上にビジネス

モデルを構築した1例として、DataVisor社があります。2013年にカリフォルニアで設立されたDataVisorは、スパム、偽のレビュー、偽のアプリインストール、詐欺的なトランザクションなど、不正なオンライン上の活動から顧客を守っています。従来の不正防止サービスは、教師あり学習モデルとルールエンジンを利用していますが、DataVisorは教師なし学習を使用して、分類されていないカテゴリーの攻撃を検出します。

DataVisorはWebサイト上で、「既存のソリューションは、不正な攻撃を検出するために人間の経験に基づいてルールを作成するか、モデルを調整するためのラベル付き訓練データを作成します。つまり、人間がまだ特定していない、または訓練データでラベル付けされていない新しい攻撃を検出することはできません。」と説明しています[1]。別の言い方をすれば、従来のソリューションは特定のタイプの攻撃の一連の行為を分析してから、繰り返しの攻撃を予測および検出するルールを作成していることになります。DataVisorのこの例では、従属変数（出力）は攻撃のイベントであり、独立変数（入力）は攻撃を予測する変数です。独立変数の例は次のとおりです。

a) 未知のユーザーからの突然の大量注文

既存顧客であれば、通常1注文あたり100ドル未満を使うところ、ある新規ユーザーがアカウントを登録してすぐに1注文に8,000ドルを使っている例などがあります。

b) ユーザー評価の急上昇

Amazon.comで販売されているテクノロジー関連の他の本と同様に、この本（『予備知識ゼロからの機械学習』）が1日に複数の読者レビューを受けることはほとんどありません。一般的に、Amazon読者の約200人に1人がレビューを投稿し、多くの本はレビューなしで数週間から数か月経過します。ところが、データサイエンス分野のある著者が1日で50〜100件のレビューを集めていることがありました。（当然のことながら、

---

[1] "Unsupervised Machine Learning Engine," *DataVisor*, accessed May 19, 2017, https://www.datavisor.com/unsupervised-machine-learning-engine

Amazon ではこれらの疑わしいレビューを数週間または数か月後に削除
しています。）

c) 異なるユーザーによる同一または類似のユーザーレビュー

Amazon では、私の本の肯定的な読者レビューが他の本のところに表
示されることがあります（別の本なのに、私の名前が著者としてレビュー
に書かれたままのこともあります！）。繰り返しになりますが、Amazon
は最終的にこれらの偽のレビューを削除し、利用規約に違反したためにこ
れらのアカウントを一時停止しています。

d) 不審な配送先住所

定期的に地元の顧客に製品を出荷する中小企業にとって、遠方の場所
（製品が宣伝されていない場所）からの注文は、不正または悪意によるも
のの可能性があります。

突然の大量注文や遠方からの注文のような行為が単独であらわれた場合
は、高度なサイバー犯罪を検出するのに十分な情報が得られない可能性が
あり、検出しようとしても誤検知の結果につながることもあります。しか
し、地球の反対側からの大量の注文書や、既存のユーザーコンテンツを再
利用して連続発生する書評レビューなどの、複数の独立変数の組み合わせ
を監視するモデルであれば、一般的により良い予測につながります。

教師あり学習モデルは、これらの一般的な変数を分解して分類し、繰り
返される攻撃を識別し、防止する検出システムを設計できます。ただし、
高度なサイバー犯罪者は、これらの単純な分類ベースのルールエンジン
を、戦術を変更することで回避することを学びます。たとえば、攻撃を実
行する前に、この手の犯罪者はしばしば1つまたは複数のアカウントを登
録し操作します。そして、合法的なユーザーのようにふるまい続けるので
す。このようにして確立されたアカウント履歴を利用して、新しく登録さ
れたアカウントを監視する検出システムを回避します。その結果、教師あ
り学習の手法では、特に新しいタイプの攻撃に対し、潜伏工作員のように
潜んでいるものを検出できずに被害をもたらすことがあります。

DataVisor およびその他の不正防止ソリューションプロバイダーは、教

師なし学習手法を利用して、これらの制約に取り組んでいます。将来の攻撃の実際のカテゴリ（出力）がわからなくても、何億ものアカウントにわたるパターンを分析して、ユーザー間の疑わしい接続（入力）を識別するのです。標準的なユーザーの行動とは異なる悪意のある行為を行う者をグループ化して識別することにより、新しいタイプの攻撃（その出力はまだ不明であり、ラベル付けされていない）を防ぐための対策を取ることができます。

　疑わしい行動の例として、先ほどa), b), c), d) の4つを挙げました。他にも、同じプロフィール写真を持つ新しく登録された複数のユーザーのデータなど、異常な行為の新しいインスタンス（実例）がありえます。ユーザー間のこれらの微妙な相関関係を特定することにより、DataVisor のような不正検知ソリューションを提供する企業は、潜伏している工作員（不正行為）を、不正を画策している段階で見つけることができます。たとえば、偽の Facebook アカウントの集団は、友達としてリンクされ互いに似通ったページに見えますが、本物のユーザーとのリンクはありません。このタイプの不正行為はしばしばアカウント間の偽造された相互接続に依存しているため、教師なし学習によって協力者を洗い出し、犯罪がらみのつながりを明らかにすることができるのです。

　ただし、教師なし学習の欠点は、データセットがラベルなしであり、モデルをチェックおよび検証するための出力した観測値も得られず、予測が教師あり学習よりも主観的になる（客観性に欠ける）ことです。

　この本の後の章では、教師なし学習、特に k-平均法について説明します。教師なし学習アルゴリズムの他の例には、ソーシャルネットワーク分析や降順次元アルゴリズムがあります。

半教師あり学習

　教師あり学習と教師なし学習のハイブリッド形式は、**半教師あり学習**となります。これには、ラベル付きとラベルなしの混合のデータセットが使用されます。半教師あり学習の目標は、「データが多いほど良い」という考えにより、ラベルなしのデータを用いて予測モデルの信頼性を向上させることです。一般的に用いられる手法の1つは、ラベル付けされたデータを用いて教師あり学習によりモデルをまず作成し、そのモデルを使用して

データセット内の残りのケース（ラベルなし）にラベルを付けるというものです。そのモデルは、より大きなデータセット（ラベル付きのデータが増えるので）を使用して再訓練することができることになります。ただし、半教師ありモデルが、より少ないデータ（元のラベルに基づいてのみ）でトレーニングされたモデルよりも優れているという保証はありません。

強化学習

　教師あり学習、そして教師なし学習を紹介しましたが、機械学習の３つ目は、**強化学習**です。機械学習の最も高度なカテゴリーと言えます。教師あり学習と教師なし学習とは異なり、強化学習はランダムな試行錯誤を通じてフィードバックを得て、反復し、洞察を活用することで予測モデルを構築します。

　強化学習の目標は、膨大な数の可能な入力の組み合わせをランダムに試行し、それらのパフォーマンスを評価することによって、特定の目標となる出力をすることです。

　強化学習は理解するのが複雑なので、おそらくビデオゲームの類推の考え方を使うことによってうまく説明されるでしょう。プレーヤーはゲームの仮想空間を進むにつれて、異なる条件下でのさまざまなアクションの価値を学び、遊び方にどんどん慣れていきます。これらの学習された値は、プレーヤーのその後の行動に情報や影響を与え、学習と経験に基づいてパフォーマンスが徐々に向上します。

　強化学習はこれに非常に類似しており、アルゴリズムは連続的な学習を通じてモデルを訓練するように設定されています。標準的な強化学習モデルには、出力がラベル付けされるのではなく、評価される測定可能なパフォーマンス基準があります。自動運転車の場合、衝突を回避すると正のスコアが得られ、チェスの場合は、敗北を回避すると正の評価が得られます。

Q学習

　強化学習のアルゴリズムで特に重要な例は、**Q学習**です。Q学習では、「S」として表される状態（state）に設定された環境から始めます。パックマンのゲームでは、状態はビデオゲームでのチャレンジ（クリア条件な

ど）であり、障害や経路となっています。左に壁、右にゴースト、上にパワーピルがあり、それぞれが異なる状態を表しています。これらの状態に対応するために可能なアクションのセットは「A」と呼ばれます。パックマンでは、アクションは左、右、上、下の動き、およびそれらの複数の組み合わせに制限されています。3番目の重要な記号は「Q」で、これはモデルの開始値であり、初期値は「0」です。

　パックマンがゲーム内の空間を探索すると、2つの主要なことが起こります。

1)　与えられた状態／アクションの後に否定的なことが発生すると、Qが低下します。
2)　与えられた状態／アクションの後に肯定的なことが発生すると、Qが増加します。

　Q学習では、機械は、与えられた状態に対し、最高レベルのQを生成または保持するアクションとなるように学習します。最初は、さまざまな条件（状態）の下でのランダムな動き（アクション）のプロセスを通じて学習するのです。モデルは、その結果（報酬とペナルティ）とそれらがQレベルにどのように影響するかを記録し、それらの値を保存して、将来のアクションを最適化します。

　これは簡単に聞こえますが、実装は計算機コストが高いですし、機械学習の超初心者にとっては導入の範囲を超えています。

　強化学習アルゴリズムについてはこの本ではカバーしていませんが、以下に、パックマンの例に続く強化学習とQ学習のより包括的な説明へのリンクを、紹介します。

https://inst.eecs.berkeley.edu/~cs188/sp12/projects/reinforcement/reinforcement.html

03 機械学習のツールボックス

新しいスキルを習得するための便利な方法は、その特定の分野の重要なツールと資料のツールボックスを視覚化することです。たとえば、ウェブサイトを構築するための専用ツールボックスを詰め込む仕事を考えると、まずはじめにプログラミング言語を選択するでしょう。これには、HTML、CSS、JavaScriptなどのフロントエンド言語（ユーザーに直接ふれる部分（web画面、ボタンなど）を開発する言語）、個人の好みによる1つか2つのバックエンドプログラミング言語（ユーザー側でなくデータベースやサーバーの部分を開発する言語）、そしてもちろん、テキストエディターが含まれます。WordPressなどのウェブサイトビルダーには、別のコンパートメントにウェブホスティング、DNS、および購入したいくつかのドメイン名を詰め込むことができます。

これは広範囲にわたる保有リストにはなりませんが、一般的なリストから、成功するWebサイト開発者になるために習得する必要なツールについての理解を深めることができます。

それでは、機械学習用の基本的なツールボックスを開いていきましょう。

コンパートメント（区画）1：データ

ツールボックスの最初のコンパートメントにはあなたのデータが格納されています。データはあなたのモデルの訓練と予測の形成に必要とされる入力によって構成されます。データは、構造化データと非構造化データを含む多くの形式で提供されます。初心者の場合、構造化データから始めることをお勧めします。これは、表3に示すように、表の中でデータが定義され、整理され、ラベル付けされているからです。画像、動画、メールメッセージ、音声録音などのデータは、行と列の構造に収まらないため、非構造化データの例になります。

日付	ビットコイン価格	発生からの日数
19-05-2015	234.31	1
14-01-2016	431.76	240
09-07-2016	652.14	417
15-01-2017	817.26	607
24-05-2017	2358.96	736

表3 2015-2017 年のビットコイン価格

　先に進む前に、まず表形式のデータセットの構造について説明します。表形式（テーブルベース）のデータセットは行と列で編成されたデータを含んでいます。各列には特徴が含まれています。特徴は変数、ディメンション、属性とも呼ばれますが、これらはすべて同じ意味です。各行は、特定の特徴／変数の単一の観測を表します。行はケースや値と呼ばれることもありますが、本書では「行」という用語を使用します。

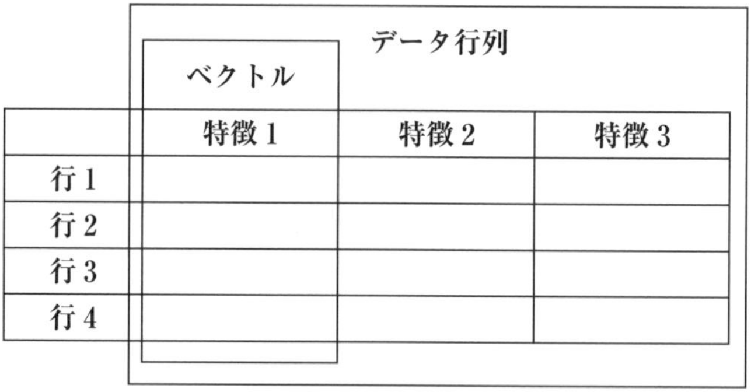

図6 表形式のデータセットの例

　各列はベクトルとも呼ばれます。ベクトルには X 値と y 値が格納され、複数のベクトル（列）は一般にデータ行列と呼ばれます。教師あり学習の場合、y はすでにデータセットに存在し、独立変数（X）に関連するパターンを識別するために使用されます。図7に示すように、y 値は通常、最後の列に表示されます。

	ベクトル 行列			
	メーカー（X）	年（X）	モデル（X）	価格（y）
行1				
行2				
行3				
行4				

図7　yの値は、常にではないが、しばしば右端の列に表示されます

　ツールボックスの最初のコンパートメント内には、次に2次元、3次元、4次元のプロットを含む一連の散布図があります。2次元散布図は、縦軸（y軸）と横軸（x軸）で構成され、データ点と呼ばれる変数の組み合わせをプロットするためのグラフィカルなキャンバスを提供します。散布図の各データ点は、X値がx軸上に、y値がy軸上に配置されたデータセットからの1つの観測を表します。

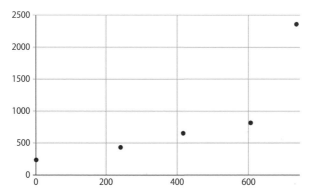

図8　2次元散布図の例。Xはビットコイン価格の記録から経過日数を表し、yはビットコイン価格を表します。X, yの数値は次ページの表を参照。

	独立変数（X）	従属変数（y）
行1	1	234.31
行2	240	431.76
行3	417	652.14
行4	607	817.26
行5	736	2358.96

コンパートメント2：インフラストラクチャ

　ツールボックスの2番目のコンパートメントには、データを処理するためのプラットフォームとツールで構成される機械学習のインフラストラクチャが含まれています。機械学習の初心者として、あなたはウェブアプリケーション（**Jupyter Notebook**など）とPythonなどのプログラミング言語を使用すると想定されます。また、**NumPy**、**Pandas**、**Scikit-learn**など、Pythonと互換性のある一連の機械学習ライブラリがあります。機械学習ライブラリは、機械学習で頻繁に使用される事前にコンパイルされたプログラミングルーチンの集まりであり、コードの最小限の使用でデータを操作し、アルゴリズムを実行できます。

　あなたはまた、コンピューターまたは仮想サーバーの形式で、データを処理する機械も必要になります。さらに、SeabornやMatplotlibなどのデータ可視化用の専用ライブラリ、またはチャート、グラフ、マップ、その他の視覚的オプションを含むさまざまな可視化手法をサポートするTableauのようなスタンドアロンソフトウェアプログラムが必要になるかもしれません。

　インフラストラクチャがテーブル全体に置かれたので（もちろん仮想的に）、これで最初の機械学習モデルを構築する準備が整いました。最初のステップは、コンピューターを起動することです。標準のデスクトップコンピューターとラップトップはどちらも、CSVファイルなどの一元的な場所に格納されている小さなデータセットを操作するのに適しています。次に、あなたはJupyter Notebookなどのプログラミング環境と、プログラミング言語をインストールする必要があります。

　あなたが初心者なら、プログラミング言語はPythonがお薦めです。

Python は、機械学習で最も広く使用されているプログラミング言語であり、次のような特徴があります。

a) 学習と操作が簡単です。

b) さまざまな機械学習ライブラリと互換性があります。

c) データ収集（web スクレイピング、web から任意の情報を取得する技術）やデータパイピング（データ変換、Hadoop および Spark）などを含む関連タスクに使用できます。

　他に機械学習用の頼りになる言語には、C 言語や C++ があります。もしあなたが C 言語や C++ に習熟している場合は、活用すると良いでしょう。C 言語や C++ は、GPU（Graphical Processing Unit）で直接実行できるため、高度な機械学習のデフォルトのプログラミング言語となります。Python は、GPU で実行する前に変換する必要がありますので、この章の後半でその変換と GPU について説明します。

　Python ユーザーは通常、NumPy、Pandas、Scikit-learn のライブラリをインポートする必要があります。

　NumPy は無料のオープンソースライブラリであり、データセットの併合（マージ）やマトリックスの管理など、大規模なデータセットを効率的に読み込んで操作できます。

　Scikit-learn は、線形回帰、ベイズ分類器、決定木、サポートベクターマシンなど、人気のあるさまざまなシャロー（浅い）アルゴリズムへのアクセスを提供します。シャローラーニングのアルゴリズムは、入力した**特徴量**から直接的に予測結果を出す学習のアルゴリズムを参照します。ノンシャローアルゴリズムやディープラーニングは、特徴量から直接というよりも、モデル内の何層もの層（レイヤー）（12 章のニューラルネットワーク参照）をベースに結果を生成します[1]。

　また、Pandas を使用すると、コードを使用して制御および操作できる仮想スプレッドシートとしてデータを表すことができます。データの編集や計算を実行できるという点では、Microsoft Excel と同じ機能の多くを

---

[1]　ニューラルネットワーク以外では、ほとんどのアルゴリズムは深い（ディープ）でなく、浅い（シャロー）として見なされています。

共有しています。Pandas という名前は、「パネルデータ」という用語に由来していて、Excel の「シート」と同様に、一連のパネルを作成する機能を指します。Pandas は、CSV ファイルからのデータのインポートと抽出にも最適です。

図 9　Pandas を使用した Jupyter Notebook のテーブル例

　Python、C、C++ 以外の機械学習の代替プログラミング言語を求めるみなさんには、R、MATLAB、Octave もあります。
　R は数学の演算用に最適化された無料のオープンソースプログラミング言語であり、行列の作成や統計関数の実行に役立ちます。R はデータマイニングによく使用されますが、機械学習もサポートします。
　R と直接競合するのは、MATLAB と Octave の 2 つです。MATLAB は有償であり、代数方程式の解法に優れ、習得が簡単であるプログラミング言語です。MATLAB は、電気工学、化学工学、土木工学、航空工学の分野で広く使用されています。しかし、コンピューターサイエンティストやコンピューターエンジニアは、MATLAB を使う傾向ではなく近年も増えてはいませんが、機械学習の学術界では広く使用されています。MATLAB の機能が機械学習、特に Coursera のオンラインコースで取り上げられているのを目にするかもしれませんが、これは業界で一般的に使用されていると言っているのではありません。ただし、もし、あなたが技

術系の出身であれば、MATLAB を選択することは理にかなっています。

　最後に、Octave があります。これは、オープンソースコミュニティによって MATLAB に対応して開発された、MATLAB の無料バージョンです。

コンパートメント 3：アルゴリズム

　開発環境が設定され、プログラミング言語とライブラリを選択したので、CSV ファイルから直接データをインポートできます。kaggle.com から、何百もの興味のあるデータセットを CSV 形式で見つけることができます。Kaggle メンバーとして登録すると、選択したデータセットをダウンロードできます。何よりも、Kaggle データセットは無料であり、ユーザーとして登録するための費用はかかりません。（Kaggle は、世界中のエンジニアがデータ解析やモデルを活用できるコミュニティです。）データセットは CSV ファイルとしてコンピューターに直接ダウンロードされます。つまり、Microsoft Excel を使用して、データセットの線形回帰などの基本的なアルゴリズムを開いて実行することもできます。

　次は、機械学習アルゴリズムを格納する最後となる 3 番目のコンパートメントです。初心者は通常、**線形回帰、ロジスティック回帰、決定木、k-最近傍法**などの単純な教師あり学習アルゴリズムから始めます。初心者はまた、**k-平均法クラスタリング**や**降順次元アルゴリズム**などの教師なし学習を使用することもあります。

可視化

　データの発見がどれほどインパクトと洞察に富んでいても、その結果をわかりやすく伝える方法が必要です。データの可視化は、一般の人々にデータからの発見を強調し伝えるために有効です。グラフ、散布図、ヒートマップ、箱ひげ図、および数を形として表現する可視化は、すばやく簡単に論理展開を伝えることができます。

　一般に、人々に情報が知らされていないほど、調査結果を可視化することが重要になります。逆に、人々がそのトピックに精通している場合は、追加の詳細と技術用語は視覚要素を補足するために使用できます。結果を可視化するには、ツールボックスの 2 番目のコンパートメントに格納され

ている Tableau などのソフトウェアプログラムや Seaborn などの Python
ライブラリを使用することができます。

高度なツールボックス

　ここまでは、一般的な初心者向けのスターターツールボックスについて
検討してきましたが、上級ユーザーはどうでしょうか。彼らのツールボッ
クスはどのようなものに見えますか？　初心者には高度なツールですが、
こっそり覗いてみましょう。

　高度なツールボックスには、幅広いツールと、データがもちろん付属し
ています。初心者と上級の学習者の最大の違いの１つは、管理および操作
するデータの構成です。初心者は、簡単に処理でき、シンプルな CSV フ
ァイルとしてデスクトップに直接ダウンロードできる小さなデータセット
で作業を開始します。上級者は、近くに散在している**ビッグデータ**のよう
な複雑なデータセットに挑戦しがちです。これは、データが複数の場所に
保存され、その構成が静的ではなく、動的であり（リアルタイムでインポ
ートおよび分析される）、分析するというよりもむしろデータ自体を移動
することが目的になっているともいえます。

コンパートメント１：ビッグデータ

　ビッグデータは、その多様性、量、速度に関して、人間が処理すること
は不可能だったものを高度な技術の進歩により凌駕したデータセットであ
ると言われています。ビッグデータには、サイズや行と列の最小数に関し
て明確な定義がありません。現在ではペタバイトがビッグデータと見なさ
れていますが、データをより低コストで収集して保存する新しい方法が見
つかるたびに、データセットはますます大きくなってきています。

　また、ビッグデータは標準の行と列に収まる可能性が低く、構造化デー
タやさまざまな非構造化データ（画像、ビデオ、電子メールメッセージ、
オーディオファイルなど）などの多数のデータタイプを含む場合がありま
す。

コンパートメント２：インフラストラクチャ

　上級者が最大数ペタバイトのデータを処理する場合、堅牢なインフラス

トラクチャが必要です。データの専門家は通常、パーソナルコンピューターの CPU を使う代わりに、分散コンピューティングと、アマゾンウェブサービス（AWS）やグーグルクラウドプラットフォームなどのクラウドプロバイダーを利用して、仮想画像処理装置（グラフィックスプロセッシングユニット，GPU）でデータ処理を実行します。専用の並列コンピューティングチップとして、GPU インスタンスは CPU よりも 1 秒あたり多くの浮動小数点演算を実行できるため、線形代数と統計については、CPU よりもはるかに高速な分析が実現できます。

GPU チップは当初、ゲームの目的で PC マザーボードと PlayStation 2 や Xbox などのビデオコンソールに追加されました。それらは数百万ピクセルの画像のレンダリングを高速化するために開発され、1 秒未満で出力を表示するフレームを継続的に再計算する必要がありました。2005 年までに、これらのチップは大量に生産され価格は劇的に下がっていき、GPU チップは一般的な商品になりました。GPU はビデオゲーム業界で人気がありますが、機械学習の分野における適用は、ごく最近まで完全に理解も実現もされていませんでした。ケヴィン・ケリーは "The Inevitable: Understanding the 12 Technological Forces That Will Shape Our Future"（日本語訳『〈インターネット〉の次に来るもの　未来を決める 12 の法則』服部桂訳、NHK 出版、2016）で、2009 年にスタンフォード大学の Andrew Ng とチームが、安価な GPU クラスターをリンクして数億もの接続されたノードからなる**ニューラルネットワーク**の実行を発見したと説明しています。

「従来のプロセッサーでは、1 億個のパラメーターを持つニューラルネットのすべてのカスケードの可能性を計算するのに数週間かかりました。Ng は、GPU のクラスターが 1 日で同じことを達成できることを発見しました」と Kelly は説明しています。

前述のように、C および C++ は、GPU で直接数学演算を編集および実行するための推奨言語です。Python は、Google の TensorFlow などの機械学習ライブラリと組み合わせて使用し、C に変換することもできます。TensorFlow を CPU で実行することは可能ですが、GPU を使用すると最大で約 1,000 倍のパフォーマンスを得ることができます。Mac ユーザーにとって残念なことに、TensorFlow は Nvidia GPU カードとのみ互換性が

あり、Mac OS X では使用できなくなりました。Mac ユーザーは引き続き CPU で TensorFlow を実行できますが、GPU を使用する場合はその作業処理をクラウドで実行する必要があります。

アマゾンウェブサービス、マイクロソフトアジュール、アリババクラウド、グーグルクラウドプラットフォーム、その他のクラウドプロバイダーは、従量課金制の GPU リソースを提供しており、無料の試用プログラムを使用すれば無料で開始することもできます。グーグルクラウドプラットフォームは現在、パフォーマンスと価格から、仮想 GPU リソースの主要な選択肢と見なされています。グーグルは 2016 年に、グーグル内部で既に使用されている TensorFlow を実行するために特別に設計された Tensor プロセッシングユニットを一般公開することも発表しました。

コンパートメント 3：高度なアルゴリズム

この章のおわりに、アルゴリズムを含む高度なツールボックスの 3 番目のコンパートメントを見てみましょう。大規模なデータセットを分析し、複雑な予測タスクに対応するために、上級者は、マルコフモデル、サポートベクターマシン、Q 学習などの多数のアルゴリズム、およびアルゴリズムの組み合わせを使用して、**アンサンブル学習（アンサンブルモデリング）** と呼ばれる統合モデルを作成します（14 章でさらに詳しく説明します）。ただし、彼らが使用する可能性が最も高いアルゴリズムの一群は、独自の高度な機械学習ライブラリに付属している、**人工ニューラルネットワーク**（12 章で紹介）です。

Scikit-learn は幅広い人気のシャローアルゴリズムを提供していますが、TensorFlow はディープラーニング / ニューラルネットワークに最適な機械学習ライブラリです。これは誤差逆伝播法 / 最急降下法の自動計算を含む多くの高度な技術をサポートしています。TensorFlow で利用できるリソース、ドキュメント、ジョブの深さも、TensorFlow を学習するために明確なフレームワークになります。ニューラルネットワークの人気のある代替ライブラリには、Torch、Caffe、および急成長している Keras が含まれます。

Python で記述された Keras は、TensorFlow、Theano、およびその他のフレームワーク上で実行されるオープンソースの**ディープラーニング**

（深層学習）ライブラリであり、ユーザーは少ないコード行で高速な実験ができます。WordPress の Web サイトのテーマと同じように、Keras は最小限でモジュール化されており、すぐに起動し実行できます。ただし、それは TensorFlow や他のライブラリに比べて柔軟性が低くなります。したがって、ユーザーは、TensorFlow に切り替えてよりカスタマイズされたモデルを構築する前に、Keras を利用して意思決定モデルを検証することがあります。

　Caffe もオープンソースであり、通常、画像の分類と画像の分割のためのディープラーニング（深層学習）のアーキテクチャの開発に使用されます。Caffe は C++ で記述されていますが、Nvidia cuDNN チップを使用した GPU をサポートする Python インターフェイスを備えています。

　2002 年にリリースされた Torch は、ディープラーニング（深層学習）のコミュニティでも定評があり、Facebook、Google、Twitter、NYU、IDIAP、パーデュー大学、その他の企業や研究所で使用されています[2]。プログラミング言語 Lua に基づく Torch はオープンソースであり、深層学習用のさまざまなアルゴリズムと関数を提供しています。

　Theano は最近まで TensorFlow のもう 1 つの競争相手でしたが、2017 年末の時点で、フレームワークへの貢献は正式に終了しました[3]。

---

[2]　"What is Torch?" *Torch*, accessed April 20, 2017, http://torch.ch
[3]　Pascal Lamblin, "MILA and the future of Theano," *Google Groups Theano Users Forum*, https://groups.google.com/forum/#!topic/theano-users/7Poq8BZutbY

04 データスクラビング

　たとえば果物にいろいろな種類があるように、データセットにも種類がいろいろとあります。このため、分析にデータを使うようにするには、人間によってデータのクリーニングなど何らかの作業が必要となります。この「クリーンアップ」プロセスは、機械学習やデータサイエンスの分野において、**データスクラビング**と呼ばれています。ここでいうスクラビングの作業は、対象となるデータセットを使えるような状態にするための技術的なプロセスということになります。データは、不完全だったり、正しくフォーマットされていなかったり、無関係のものや重複したものがあり、多くの変更や削除をすることになります。また、テキストベースのデータを数値に変換したり、特徴量を再設計することもあります。

　このようにデータの専門家にとって、データスクラビング作業はかなりの時間と労力が求められることになります。

特徴量の選択

　データから最良の結果を生成するためには、仮説や目的に対して最も関連している変数を特定することが重要となってきます。実際には、モデルに含める変数を選択するということです。たとえば、4つの特徴量による4次元の散布図を作成するということよりも、2つの関連性の高い特徴量を選択し、2次元のプロット図を作成した方が、解釈や視覚化がわかりやすくなることがあります。さらに、求める結果に対して、それほど関係性が強くないような特徴量を残してしまうと、モデルの精度が下がってしまう可能性もでてきます。

　では、kaggle.com からダウンロードした消滅危機にある言語（母国語として使われなくなる言語）のデータについて考えてみましょう。

英語での名称	スペイン語での名称	国	国コード	話す人の数
South Italian	Napolitano-calabres	Italy	ITA	7500000
Sicilian	Siciliano	Italy	ITA	5000000
Low Saxon	Bajo Sajón	Germany, Denmark, Netherlands, Poland, Russian Federation	DEU, DNK, NLD, POL, RUS	4800000
Belarusian	Bielorruso	Belarus, Latvia, Lithuania, Poland, Russian Federation, Ukraine	BRB, LVA, LTU, POL, RUS, UKR	4000000
Lombard	Lombardo	Italy, Switzerland	ITA, CHE	3500000
Romani	Romaní	Albania, Germany, Austria, Belarus, Bosnia and Herzegovina, Bulgaria, Croatia, Estonia, Finland, France, Greece, Hungary, Italy, Latvia, Lithuania, The former Yugoslav Republic of Macedonia, Netherlands, Poland, Romania, United Kingdom of Great Britain and Northern Ireland, Russian Federation, Slovakia, Slovenia, Switzerland, Czech Republic, Turkey, Ukraine, Serbia, Montenegro	ALB, DEU, AUT, BRB, BIH, BGR, HRV, EST, FIN, FRA, GRC, HUN, ITA, LVA, LTU, MKD, NLD, POL, ROU, GBR, RUS, SVK, SVN, CHE, CZE, TUR, UKR, SRB, MNE	3500000
Yiddish	Yiddish	Israel	ISR	3000000
Gondi	Gondi	India	IND	2713790

表4　消滅危機にある言語データベース
https://www.kaggle.com/the-guardian/extinct-languages

　この作業の目的は、消滅危機にある言語に影響を与える変数を特定することにあるとしましょう。

　はじめに、分析の目的を基本として考えると、ある言語の「スペイン語での名称」は、関連する洞察につながりそうではありません。したがって、この列をデータセットから削除します。このことは、複雑化しすぎてしまったり、潜在的な間違いを防ぐのに役立ちますし、モデルの全体的な処理速度が向上します。

　次に、データセットをみると、「国」と「国コード」に対して別々の列の形式であらわされており、重複した情報が含まれています。この場合に、これらの列の両方を分析しても、新たな洞察を得ることはできないため、一方を削除して他方を保持することを選択します。

　特徴量の数を減らすもう1つの方法は、複数の特徴量を1つにまとめることです。次の表に示してみます。

	Protein Shake	Nike Sneakers	Adidas Boots	Fitbit	Powerade	Protein Bar	Fitness Watch	Vitamins
購買者 1	1	1	0	1	0	5	1	0
購買者 2	0	0	0	0	0	0	0	1
購買者 3	3	0	1	0	5	0	0	0
購買者 4	1	1	0	0	10	1	0	0

表5　商品在庫の例

　表5は、eコマース（ネット販売）で販売されている商品のリストです。このデータセットは、4人の購買者（バイヤー）と8つの商品で構成されています。

　購買者（バイヤー）と商品数のサンプルサイズとしては大きくはないのですが、これは紙面の都合上、スペースを制限していることによるものです。現実のeコマースには、もっと多くの行や列となりうるのですが、単純化された事例で話を先に進めることにしましょう。

　データをより効率的に分析するために、同様の特徴量を統合して列を減らすことができます。たとえば、この例では、個々の8つのアイテムの商品名をカテゴリー別に統合することによって、少ない列に置き換えて列数を減らすことができます。すべての商品アイテムが「フィットネス」のカテゴリーに分類されるので、8つから3つの列にまとめて並べ替えることができるのです。新たに作られた3つのカテゴリーの製品タイプは、「健康食品」、「アパレル」、「デジタル」であらわされています。

	健康食品	アパレル	デジタル
購買者 1	6	1	2
購買者 2	1	0	0
購買者 3	8	1	0
購買者 4	12	1	0

表6　新規につくられたカテゴリー（合成した）商品在庫

このように、情報を保持したまま、データセットを統合し、より少ない変数になるように変換することができます。この変換の欠点は、特定の商品間での関連性についての情報は少なくなることです。このため、商品を推奨する場合に、商品個々をユーザーに紹介するというよりも、商品をまとめたサブタイプのカテゴリーや同タイプの商品の関連性に基づいて行うことになります。

　それにもかかわらず、このアプローチはデータの関連性をレベルが高いままで保持しています。購買者（バイヤー）は、他の健康食品や、相関の程度によってはアパレルを購入する際に、健康食品のカテゴリー商品を勧められることになります。たとえば、機械学習の教科書を購入する際には、健康食品を勧められることはないでしょう。残念ながら、そのような教科書は、このデータセットのフレームの外に存在するからです。

　データ削減は、データサイエンスチームがデータ分析をする上での利便性やモデルの精度との間でトレードオフを考慮する必要があり、ビジネス上の判断となることを忘れてはなりません。

行圧縮

　特徴量の選択に加えて、行数を減らすことによって、データ点の総数を圧縮することもあります。たとえば、2つ以上の行を1つに統合するとして、次のデータセットでは、「トラ」と「ライオン」を統合して、「肉食動物」に名前を変更しています。

統合前

動物	肉食	足数	しっぽ	レースタイム
トラ	Yes	4	Yes	2:01 mins
ライオン	Yes	4	Yes	2:05 mins
カメ	No	4	No	55:02 mins

統合後

動物	肉食	足数	しっぽ	レースタイム
肉食動物	Yes	4	Yes	2:03 mins
カメ	No	4	No	55:02 mins

表7　行を統合した例

　これら2つの行（トラとライオン）を統合することにより、両方の行の特徴量も1つの行に集約されて記録されます。この場合、2つの行が、レースタイムを除くすべての特徴量に対して同じ値を持っているため、2つを統合できます。トラとライオンのレースタイムは、足して2で割っておきましょう。

　数値は、通常は簡単に集計できます。しかしたとえば、4本足の動物と2本足の動物を集約することは意味がありません。これら2つの動物を統合して、足の合計数として「3」を与えるようなものになるからです。

　行の圧縮は、数値が利用できない場合に実装することが難しくもなります。たとえば、「日本」と「アルゼンチン」という値は統合することがとても難しいです。「日本」と「韓国」の値は、同じ大陸の「アジア」や「東アジア」の国として分類されるので、統合することができます。しかし、「パキスタン」と「インドネシア」を同じグループに追加すると、歪んだ状態になってしまうかもしれません。この4つの国では、文化的、宗教的、経済的、その他の非類似性があるからです。

　まとめると、非数値およびカテゴリー行の値は、元のデータについて真の値を維持しながら統合するのに問題がある可能性があります。また、行の圧縮は通常、特徴量の圧縮よりもうまくいく可能性が低く、特に特徴量の多いデータセットの場合には当然難しくなります。

One-hot エンコーディング

　モデルに含める特徴量と行を決定したら、数値に変換できるテキストベースの値をみつけるようにします。True ／ False などのテキストベースの値は自動的にそれぞれ「1」と「0」に変換されますが、ほとんどのアルゴリズムは非数値データと互換性がありません。

　テキストベースの値を数値に変換する１つの方法は、**One-hot エンコーディング**です。値をバイナリ形式に変換し、「1」（True）または「0」（False）で表します。False を表す「0」は、その値がこの特定した特徴量のものに属していないことを意味し、True を表す「1」は、この特徴量に属していることを意味します。

　以下は、消滅危機にある言語のデータセットの抜粋です。One-hot エンコーディングによる、数値への変換を考えてみましょう。

英語での名称	話す人の数	消滅危機の危険度
South Italian	7500000	消滅危機の可能性あり
Sicilian	5000000	消滅危機の可能性あり
Low Saxon	4800000	消滅危機の可能性あり
Belarusian	4000000	消滅危機の可能性あり
Lombard	3500000	危険
Romani	3500000	危険
Yiddish	3000000	危険
Gondi	2713790	消滅危機の可能性あり
Picard	700000	重大な危険

表8　消滅危機の言語

　まず始めに、「話す人の数」の列ですが、カンマやスペース（たとえば7,500,000 や 7 500 000 のような）が含まれていないことに注目してください。カンマやスペースなどの表記は、人が解釈するにはわかりやすいようになりますが、プログラミング言語にとっては、そのような細かいことは

不要となります。数値に対するカンマなどの書式設定は、プログラミング言語によっては無効な構文が発生したり、望ましくない結果になります。このため、プログラミングの場合、数値については書式設定しないことが望ましいです。ただし、データを視覚化する段階においては、スペースやカンマを追加することによって、特に大きな数字を表現するときには、見る人たちが理解しやすくなるということは言うまでもありません。

　表8の右の列は、9つの言語について、消滅危機に関する程度を分類する情報のベクトルを示しています。この列は、次の表9に示すように、One-hotエンコーディングにより、数値に変換できます。

英語での名称	話す人の数	消滅危機の可能性あり	危険	重大な危険
South Italian	7500000	1	0	0
Sicilian	5000000	1	0	0
Low Saxon	4800000	1	0	0
Belarusian	4000000	1	0	0
Lombard	3500000	0	1	0
Romani	3500000	0	1	0
Yiddish	3000000	0	1	0
Gondi	2713790	1	0	0
Picard	700000	0	0	1

表9　One-hotエンコーディングの例

　One-hotエンコーディングの使用により、データセットが5列に拡張され、元の特徴量（消滅の危険度）から3つの新しい特徴量が作成されました。また、元の特徴量に応じて、各列の値を「1」または「0」に設定しました。これにより、モデルにデータを入力して、機械学習アルゴリズムをより広い範囲から選択できるようになります。

　欠点は、より多くのデータセットの特徴量を扱うこととなり、処理時間がよけいにかかる可能性がでてくるかもしれないことです。このことは、通常であれば管理できる範囲ですが、元の特徴量が非常に多くの新しい特

徴量に分かれてしまうという場合には、問題となることもありえます。

　特徴量の総数を最小化する１つの工夫は、２元となるバイナリのケースを１つの列にすることです。たとえば、kaggle.com には、One-hot エンコーディングを使用した一列の「Gender（性別）」という探索データセットがあります。「男性」と「女性」の両方の列をわざわざ作成するのではなく、これらの２つの特徴量を１つに統合するデータセットのキー列を作り、女性は「0」、男性は「1」と表示します。

　このデータセットの作成者は、「同じ出身民族」や「好意が一致」にも同様のテクニックを使って統合しています。

ID	性別	同じ出身民族	年齢	好意が一致
1	0	0	27	0
1	0	0	22	0
1	0	1	22	1
1	0	0	23	1
1	0	0	24	1
1	0	0	25	0
1	0	0	30	0

Gender:
［性別］

Female = 0

Male = 1

Same Race:
［同じ出身民族］

No = 0

Yes = 1

Match:
［好意が一致］

No = 0

Yes = 1

表10　お見合いパーティーの結果のデータベース（kaggle.com のデータ探索結果）
https://www.kaggle.com/annavictoria/speed-datingexperiment

ビニング処理（Binning）

　ビニングとは、特徴量を作成するもう 1 つの方法で、数値をカテゴリー変数に変換するために使用されます。

　ここまで、アルゴリズムの選択の幅を広げるためには、ほとんどの場合に数値に変換することが、いいことだと説明してきました。しかし、数値が理想的でない場合、状況によっては分析の目的に関係のない変数を取り上げることになります。

　一例として、住宅価格の評価を見てみましょう。住宅価格を評価する場合、その家のテニスコートの広さの正確な測定はそれほど重要ではなく、家にテニスコートがあるかどうかが必要な情報となります。同じ考え方がおそらく車庫やプールにも適用されます。存在するかしないかが、広さの測定値よりも重要なのです。

　ここでの解決策は、テニスコートの数値測定値を真 / 偽の特徴量か、「小」、「中」、「大」などのカテゴリー値におきかえることになります。

　別の代替案としては、テニスコートがない場合は「0」、テニスコートのある家には「1」となる One-hot エンコーディングを与えるということもできるでしょう。

正規化（Normalization）

　機械学習のアルゴリズムは、**正規化**（normalization）と**標準化**（standardization）の 2 つの技術を使わなくても実行することはできます。しかし、この 2 つの技術を使うことで、より正確にモデルを改善できます。1 つ目の正規化というのは、与えられた特徴量の値の幅を、最小値と最大値となるデータの幅、たとえば ［0, 1］や［−1, 1］にスケール調整することです。この技術は、特徴量の幅を調整することによって、他の要因（この場合はスケールの違い）が誇張してしまうかもしれないデータセットの特徴量の変数を正規化することになります。たとえば、センチメートルで示された特徴量とメートルで示された特徴量が混在しているデータをそのまま分析すると、後者の特徴量を過小評価してしまう可能性があります。正規化はそれを防ぐことができます。

しかし、正規化は、極端に大きな値あるいは小さな値をもつ特徴量の場合は、推奨されません。正規化された幅では、極端な値を表すには狭すぎるためです。

標準化（Standardization）

　特徴量の大小の値を強調するためのより良い手法として、標準化があります。この手法は、平均ゼロの標準正規分布に変換します。標準偏差（σ）は1です。非常に大きいまたは小さい値は、平均から標準偏差の3倍あるいはそれ以上離れて表されます。

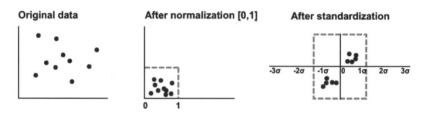

図10　正規化と標準化により再スケーリングした例

　標準化は、特徴量の変化が正規分布のベルカーブを反映している場合、通常、正規化よりも効果的です。教師なし学習でよく使われます。他の状況では、正規化と標準化は別々に適用され、精度が比較されます。
　最後に、標準化は、サポートベクターマシン（SVM）、主成分分析（PCA）、k-最近傍法（k-Nearest Neighbors）のデータ整備において一般的に使用を推奨されます。

欠損データ（Missing Data）

　欠落したデータがあることは、決して望ましい状況ではありません。ジグソーパズルで5%のピースが欠けているものを想像してください。データセットの欠損値は、分析者をイライラさせ、分析とモデルの予測を妨害します。ただし、データの欠落による悪影響を最小限に抑えるための方策があります。

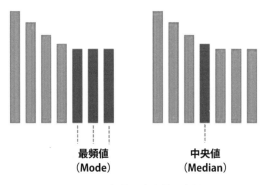

最頻値
（Mode）

中央値
（Median）

図11　最頻値、中央値の事例

　1つのアプローチは、**最頻値**を使用して欠損値を概算することです。最頻値はデータセットの中で最も頻出する1つの値です。この手段は、カテゴリー変数のタイプ［例：1つ星から5つ星までの評価システム］やバイナリー変数のタイプ［例：陽性／陰性で表す薬物試験］にて最も有効となります。

　2つ目のアプローチは、データセットの中央にある値を**中央値**として使用して欠損値を概算で補うことです。住宅の価格のように、無限に範囲が定まらない連続する変数に適しています。

　最後の手段は、欠損値のある行を完全に削除するという方法です。このアプローチの明らかな欠点は、分析するデータが少なくなり、それにより得られる総合的な洞察が少なくなってしまうことです。

05 データの準備

　データセットをきれいに整えたら、次の作業は訓練用とテスト用の2つのセグメントに分割することです。これは、分割検証とよばれています。2つの分割の比率は、約70/30または80/20というイメージです。図12にあるように、横軸に変数、縦軸にインスタンス（データ値）を表すとすると、訓練データ（トレーニングデータ）はデータセットの行の70%から80%で、残りの20%から30%の行がテストデータ用に残されています。

	変数1	変数2	変数3
行1			
行2			
行3			
行4			
行5			
行6			
行7			
行8			
行9			
行10			

訓練データ（行1〜行7）、テストデータ（行8〜行10）

図12　70%の訓練データと30%のテストデータ

　データを70/30または80/20に分割することは一般的ですが、訓練（トレーニング）とテストのデータ分割について特に決まったルールがあるわけではありません。最近のようにデータセットのサイズが大きくなると（100万以上の行数など）、90/10などの分割にする場合もあります。これは、モデルを訓練（トレーニング）するためのより多くのデータを提供す

ると同時に、テストにも十分なデータを残しているからです。

　データを分割する前に、行の順序をランダムに並べ替えることが重要です。これは元のデータセットがアルファベットやデータ収集時の順番に配置されている可能性があるため、モデルのバイアスを回避するためです。もしランダム化しないで、その訓練データから導きだしたモデルをテストデータに適用したとすると、予期しない結果を出す原因となるかもしれません。ありがたいことに Scikit-learn（Python の機械学習ライブラリ）には、15 章で説明するように、1 行のコードでデータをシャッフルしてランダム化する組み込みコマンドが用意されています。

　データをランダム化した後、モデルの設計を開始し、そのモデルを訓練データに適用することができます。残りの 30％程度のデータは手を付けずに、後工程でモデルの正確さを検証するために残しておきます。重要なことは、訓練用に使用したデータと同じデータでモデルをテストしないことです。教師あり学習の場合、モデルはマシンに訓練データを入力し、入力データの特徴量（X）と最終出力（y）の関係の分析によって開発されます。

　次のステップは、モデルがどのくらい適合しているかを評価測定することです。評価測定法にはさまざまなものがあり、正しい手法の選択は、どのモデルを適用するかに依存します。**曲線下面積**（AUC: Area under the curve)-**ROC 曲線**（推測曲線)[1]、混合行列、再現率（recall）、正解率は、スパムメールなど検出システムの分類タスクで使用されている評価測定法の 4 つの例となります。一方、**平均絶対誤差**（MAE）と**二乗平均平方根誤差**（RMSE）はどちらも、家の価値予測などの数値出力を提供するモデルを評価するために使用されます。

　この本では、平均絶対誤差を使用しています。これは、連続スケールの数値の予測における誤差、つまり、各データ点と回帰超平面との距離の平均値です。Scikit-learn を使う場合、平均絶対誤差は訓練データの X 値をモデルに入力し、データセットの各行の予測を生成することによって与えられます。Scikit-learn は、モデルの予測と正しい出力（y）とを比較し、

---

[1]　ROC: Receiver Operating Characteristic「推測曲線」
　　この専門用語はレーダー工学分野に由来した名称です。

モデルの正解率を測定します。そして、訓練とテストのデータセットに対するエラー率が低い場合、モデルは正確だと言えるのです。このことは、モデルがデータセットの根本的な傾向とパターンを学習したことを意味します。記録された平均絶対誤差や二乗平均平方根誤差が、訓練データよりもテストデータを使っている方がはるかに高いとしたら、モデルの**過学習**（10 章で説明）を示しているといえます。モデルがテストデータの値を適切に予測できるようになったら、モデルをそのまま使用する準備が整ったことになります。

　モデルがテストデータから正確な値の予測に失敗した場合には、まずは訓練データとテストデータがきちんとランダム化されているかを確認しないといけません。次に、モデルの超母数（ハイパーパラメータ）の変更が必要になる場合があります。各アルゴリズムには超母数があり、設定により変えられます。簡単に言えば、超母数は、モデルがどれくらい速くパターンを学習するか、どのパターンを識別し分析するかといったことを制御したり影響を与えたりします。

　アルゴリズムの超母数と最適化については、10 章と 16 章で説明します。

交差検証法（Cross Validation）

　分割検証は、既存のデータを使用してモデルを開発するのに効果的ですが、新しいデータに使用する時にモデルが正確性を保つことができるかどうかについては、当然疑問が生じます。既存のデータセットが小さすぎて適しているモデルを構築できない場合、または訓練データとテストデータの分割が適切ではない場合には、その後の発生データによる予測が不十分になることがあります。

　しかし幸いにして、この問題には有効な回避策があります。データを 2 つのセグメント（1 つは訓練用、もう 1 つはテスト用）に分割するのではなく、**交差検証法**（cross validation）というやりかたです。交差検証法は、データをさまざまに分割したり特定の組み合わせごとにテストを行うことによって、訓練データの稼働率を最大化することができます。

　交差検証法には、2 つの主な手法があり、そのどちらかを使用して実行します。1 つ目の手法は、元のサンプルを訓練用セットとテストセットに分割するために、可能な限りの組み合わせすべてを見つけてテストす

るという徹底的な相互検証です。もう1つは、より一般的な方法であり、k-fold（k分割検証）として知られている非網羅的な相互検証です。k分割検証手法では、k個のバケット（格納場所の意味）にデータを分割して割り当て、学習する各ラウンドで訓練用とテスト用にするためにそれぞれのバケットを準備するというものです。k分割検証を実行するためには、データはk個の等しいサイズのバケットにランダムに割り当てられます。1つのバケットがテストバケットとして準備され、残りの（k−1）個のバケットは訓練に使用します。

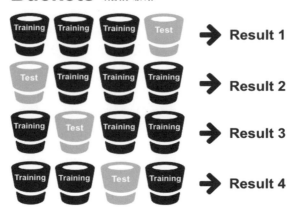

図13　k分割検証

　交差検証はk回（フォールド）繰り返されます。各回で、1つのバケットは、他のバケットによって生成された訓練モデルをテストするために準備されます。すべてのバケットが訓練用とテスト用の両方として使用されるまで、このプロセスが繰り返されます。結果は集約して結合され、単一のモデルが作成されます。

　k分割検証は、訓練とテストの両方にすべてのデータを使用し、モデルの結果を平均化することによって、単なる分割検証の訓練とテストの分割に比べ、発生する予測誤差をできるだけ小さくします。

　ただし、この手法は訓練プロセスが複数の検証回数となるため、より時

間がかかることになります。

どれだけのデータが必要となるのか

　機械学習を始める学生からよくある質問は、モデルを学習させるにはどれだけのデータが必要となるのか？というものです。一般的に、機械学習は、あらゆる特徴量の組み合わせを含んでいるデータセットを学習させることで、最適な学習ができます。

　あらゆる特徴量の組み合わせとはどのようなものでしょうか？　次の特徴量で分類されている、データサイエンティスト達についてのデータセットがあると想像してください。

- ・大学の学位（X）
- ・5年以上の専門的な経験（X）
- ・子供（X）
- ・給与（y）

　最初の3つの特徴量（X）とデータサイエンティストの給与（y）の関係を評価するには、y値を含むそれぞれの特徴量の組み合わせのデータセットが必要です。たとえば、大学の学位を持ち、5年以上の専門的な経験をもち、子供のいないデータサイエンティストの給与を知る必要があります。大学の学位を持ち、5年以上の専門的経験を持ち、子供のいるデータサイエンティストの給与についても同様に知る必要があります。

　訓練用のデータセットで利用可能な組み合わせが多いほど、各属性がy（データサイエンティストの給与）にどのように影響するかについてモデルをより効果的にすることができます。テストデータまたは（その後の）発生データでモデルを実行する際、訓練データに存在しなかった組み合わせを解かなければいけない、ということにはならずに済むからです。

　基本的な機械学習モデルは、最低でも、特徴量の総数の10倍のデータ点をもつべきです。したがって、5つの特徴量を持つ小さなデータセットの場合、訓練データには、少なくとも50行が理想的です。ただし、多くの特徴量をもつデータセットは、より多くの組み合わせが指数関数的に増えるので、必要なデータ点の数も大きく増えていくことになります。

　一般的に、訓練データとして使える関連データがあればあるほど、予測モデルにより多くの組み合わせを適用できます。そのことはより正確な予

測ができるということになります。ただ場合によっては、可能となるすべての組み合わせを網羅するデータを使うということは不可能であるし、あるいは費用対効果が低いかもしれません。その場合は、利用できるデータでやりくりすることも求められるかもしれません。逆に、適切な量の訓練データが準備できたとすれば、それ以上のデータは費用対効果が低いということもあります。

　最後の重要な事項としては、データに応じて適切なアルゴリズムを選ぶことです。10,000 未満のサンプルデータセットの場合、クラスタリングと次元削減アルゴリズムは非常に効果的です。回帰分析と分類アルゴリズムは、100,000 未満の場合に適しています。ニューラルネットワークでは、更に多くのデータサンプルが必要で、コスト効率と時間効率を高めることも必要です。

　詳細については、Scikit-learn のウェブサイト（http://scikit-learn.org/stable/tutorial/machine_learning_map/）にあるさまざまなデータセットのアルゴリズムをみてください。

　次の章からは、機械学習で一般的に使用される特定のアルゴリズムを説明していきます。必要に応じていくつかの方程式をあげましたが、できるだけ易しくシンプルなものにしました。この本で説明している機械学習技術の多くでは、プログラミング言語において、方程式を人間が自分の手で解かなくてもよいような、実用的な実装が可能になっています。

06 線形回帰

　教師あり学習アルゴリズムの初めの一歩としてここで取り上げる**回帰分析**とは、既に分かっている結果を使って未知の値を予測するための単純な手法の1つです。最初に説明する回帰分析の手法は、**線形回帰**といって、線形関係を表すような直線を作成するものです。独立変数が複数である重回帰について説明する前に、まずは、独立変数が1つの単純線形回帰の基本的な部分について説明します。

　データとして、連続テレビドラマ『となりのサインフェルド』(アメリカで人気の連続ドラマシリーズ)を使って、シーズンの数字をx座標、シーズンごとの視聴者数(単位：百万人)をy座標として、2つの変数についてプロットしてみましょう。

シーズン数（x）	視聴者数（y）
1	19.22
2	18.07
3	17.67
4	20.52
5	29.59
6	31.27
7	33.19
8	32.24
9	38.11

表11　『となりのサインフェルド』のデータセット

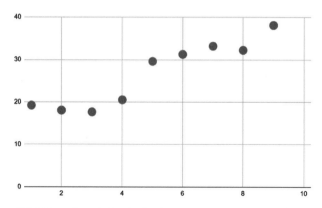

図14 散布図上にプロットされた『となりのサインフェルド』のデータセット

データセットが散布図にプロットされたものを見ると、視聴者数がシーズン4以降上昇傾向にあり、シーズン9でピークになっていることが分かります。

次に独立変数と従属変数を定義しましょう。この例では、シーズンごとの視聴者数を従属変数（予測したい変数）、シーズン数を独立変数とします。

単純線形回帰を使って、この小さなデータセットの線形の上昇傾向を表すような直線を挿入してみましょう。

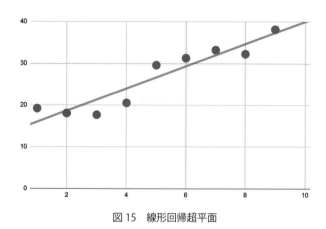

図15 線形回帰超平面

50

図15に示されているように、この回帰直線は、データ点の全体の様子をかなりよく表現しています。この回帰直線のことを専門用語で、**超平面**といい、この語は機械学習を勉強していると至る所で登場します。二次元空間では、超平面は、（まっすぐな）傾向線となります。これは、グーグルスプレッドシートの散布図カスタマイズメニューで線形回帰（linear regression）と表示されているものです。

　線形回帰の目的は、超平面と観測値との間の距離が最小になるように、超平面でデータを分割することです。つまり、各データ点へと超平面から垂線（90度の角度で超平面と交わる直線）を引いたときに、各点の超平面への距離の合計が最小になるようにすることです。そのように定めた回帰直線と観測値との間の距離は、残差（residual）あるいは誤差（error）と呼ばれ、観測値が超平面に近ければ近いほど、モデルの予測は正確なものとなります。

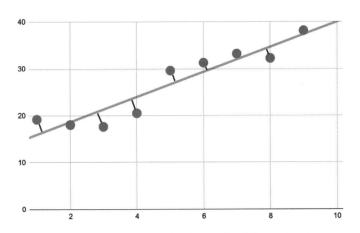

図16　誤差とは、超平面と観測値との間の距離のことです

傾き

　線形回帰で重要となるのは、傾きです。**傾き**は、超平面から簡単に計算できます。1つの変数が増加するにしたがってもう1つの変数が増加するときの、増加の平均的な値が、超平面で示されています。つまり、例え

ば、まだ分からない第10シーズンの『となりのサインフェルド』のシーズン視聴者数を予測する場合のような、数値予測の定式化のために、傾きが役立ちます。傾きの値が分かれば、x座標に10を入れたときの対応するyの値を求められますが、それは、この場合では、だいたい4000万人ということになります。

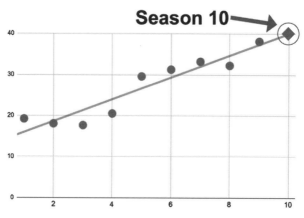

図17　傾きや超平面を使って予測値を出します

　線形回帰は、傾向予測の方法として完全な方法ではありませんが、傾向線を使うことで、未来の出来事や未知なる出来事の予測のための基礎となる値を得ることはできます。

線形回帰の公式
　線形回帰を表す式 [1] は、　y＝bx＋a です。
　"y"は、従属変数を表していて、"x"は独立変数を表しています。
　"a"は、超平面がy軸と交わる点〔のy座標の値〕で、**y切片**と呼ばれ、x＝0のときのyの値となります。

---

[1]　線形回帰の式は、違う分野では違ったふうに書かれることもありますが、統計学や機械学習の分野では、y＝bx＋aと書かれることが多いです。$y = \beta_0 + \beta_1 x_1 + e$という表記が使われることもありますが、その場合は、β_0が切片、β_1が傾き、eが残余または誤差を表しています。

"b" は、傾きの程度を示していて、x が 1 単位分変化したときに y にどれだけの変化が予測されるかを表す値です。

計算の例

以下でする計算は、プログラミング言語が自動的にやってくれることですが、線形回帰の計算方法を理解しておくことは大事です。次のデータセットと式とを使って線形回帰の練習をしてみましょう。

	(X)	(Y)	XY	X²
1	1	3	3	1
2	2	4	8	4
3	1	2	2	1
4	4	7	28	16
5	3	5	15	9
Σ (Total)	11	21	56	31

表 12　データセットの例
（表中の右端の 2 列は、元々のデータセットにはない部分で、次の公式の計算がしやすいように付け加えられたものです。）

$$a = \frac{(\Sigma y)(\Sigma x^2) - (\Sigma x)(\Sigma xy)}{n(\Sigma x^2) - (\Sigma x)^2}$$

$$b = \frac{n(\Sigma xy) - (\Sigma x)(\Sigma y)}{n(\Sigma x^2) - (\Sigma x)^2}$$

ここで：

Σ　　 ＝総計
Σy　 ＝y の値すべての合計（$3+4+2+7+5=21$）
Σx　 ＝x の値すべての合計（$1+2+1+4+3=11$）
Σx^2 ＝各行の x×x の合計（$1+4+1+16+9=31$）
Σxy ＝各行の x×y の合計（$3+8+2+28+15=56$）
n　　 ＝行の数（この例の場合は、$n=5$）

$$a = \frac{(\Sigma y)(\Sigma x^2) - (\Sigma x)(\Sigma xy)}{n(\Sigma x^2) - (\Sigma x)^2}$$

$$= \frac{(21)(31) - (11)(56)}{5(31) - (11)^2}$$

$$= \frac{651 - 616}{155 - 121}$$

$$= \frac{35}{34}$$

$$= 1.029$$

$$b = \frac{n(\Sigma xy) - (\Sigma x)(\Sigma y)}{n(\Sigma x^2) - (\Sigma x)^2}$$

$$= \frac{5(56) - (11)(21)}{5(31) - (11)^2}$$

$$= \frac{280 - 231}{155 - 121}$$

$$= \frac{49}{34}$$

$$= 1.441$$

"a" と "b" の値を線形回帰の式 $y = bx + a$ に入れると、

$$y = 1.441x + 1.029$$

$y = 1.441x + 1.029$ という線形回帰の式は、どのように超平面を描けばよいかを教えてくれます。

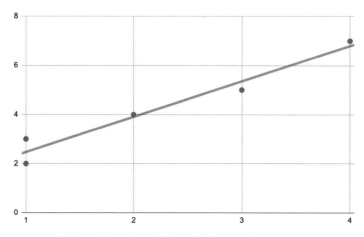

図 18　散布図に書き込まれた線形回帰の超平面（y＝1.441x＋1.029）

　x＝2のときの座標を調べて、ここで得られた回帰直線をテストしてみましょう。

$$y = 1.441x + 1.029$$
$$y = 1.441 \cdot 2 + 1.029$$
$$y = 3.911$$

この場合、予測値は実際の結果である 4.0 にかなり近い値になっています。

重線形回帰

　ここまでは独立変数が1つである**単純線形回帰**について説明してきましたが、これで**重線形回帰**を扱うことができます。2つ以上の独立変数を使って意思決定をする場合、機械学習ではこの手法の方がよく使われます。

　重線形回帰は、単純な線形回帰ですが、独立変数が2つ以上あるもので、次の式で表されます。

$$y = a + b_1 x_1 + b_2 x_2 + b_3 x_3 + \cdots$$

ここでも、y切片はaで表されていますが、独立変数（x_1、x_2、x_3 等で

表されています）が複数あり、それぞれに対応する係数（b_1、b_2、b_3 等）がついています。

　単純線形回帰のときと同じようにして、訓練データから得られる、Xの値やyの値（やそれらの2乗の値など）の総計を使って、a（y切片）やb（係数値）を求めます。

　訓練データのXとyの値を使って1つのモデルを作ったら、重線形回帰の式を使えば、テストデータのXの値から（yの値の）予測を（モデルの正確さをチェックするために）することができます。

離散変数

　線形回帰のアウトプット（従属変数）は、浮動小数点方式か整数値で表される連続変数でなければならないのですが、インプット（独立変数）は、連続変数であっても、**カテゴリ変数**であっても構いません。カテゴリ変数、たとえば、性別のデータなどは、文字列（男性、女性）ではなく、One-hot エンコーディング（0と1への変換）を使って数値で表しておかねばなりません。

変数の選択

　本章を終える前に、重要なこととして、変数選択のジレンマについてと、独立変数として適した数値の選択について説明しておきます。まず、独立変数を増やせば、私たちは、データにおいてパターンを決めている潜在的要素を、それだけたくさん考慮に入れることができます。しかし、他方で、そのことが当てはまるのは、その変数が、従属変数と関連をもっていて、従属変数との間に相関関係や線形関係を持っている場合のみです。

　独立変数が増えると、他にも注意しなければならない関係性が出てきます。単純線形回帰では、2つの変数の間の1対1の関係をみましたが、重線形回帰では、そこにあるのは、多対1の関係です。重線形回帰では、独立変数が従属変数に関係しているだけでなく、独立変数同士も関係している可能性があります。

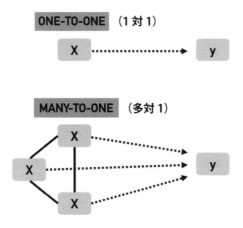

図19 単純線形回帰（上の図）と重線形回帰（下の図）

　もし、2つの独立変数の間に強い線形の関係があったら、**多重共線性**
（multi-collinearity）と言われる問題が発生します。2つの独立変数が強く
相関している場合には、その2つの変数がそれぞれの効果を互いに相殺し
てしまうことがあり、そうなると情報をほとんど出さないモデルができて
しまいます。

　多重共線的な（multi-collinear）データの例として、ジェット機が消費
した燃料のリットル数と燃料タンク内の燃料のリットル数を使って、その
ジェット機があとどれくらいの距離を飛ぶかを予測する場合を考えてみま
しょう。2つの独立変数〔消費した燃料の量とタンク内の燃料の量〕は、
直接に関係していて、この場合は、その関係は負の相関です。つまり、1
つの変数が増加すると、もう1つの変数は減少します。ジェット機があと
どれだけの距離を飛ぶかという従属変数を予測するために、2つの変数を
ともに使った場合、1つの独立変数がもう1つの独立変数の効果をちょう
どよく相殺してしまうことになります。モデルの中に、この2つの変数の
うち1つを選んで含めておくことには意味がありますが、2つを両方とも
に含めることは、やり過ぎになってしまうのです。

　多重共線性を防ぐために、散布図や散布図行列（変数同士の関係の行
列）や相関スコアを使って、独立変数の各々同士の関係性について調べて

みなければなりません。

　図20のような散布図行列を見てみれば、3つの変数（支払総額、チップの額、人数）すべてについて各々同士の関係を分析できます。もし、チップの額を従属変数にするならば、私たちは、2つの独立変数（支払総額、人数）が強い相関関係にあるかどうかを調べてみなければなりません。散布図行列から、支払総額と人数の関係を視覚化した散布図が2つあることが分かります（行1の右の図と行3の左の図）。この2つの散布図は、（x軸とy軸が逆になっているという意味で）まったく同じものというわけではありませんが、いずれか1つの散布図を参照すればいいのです。

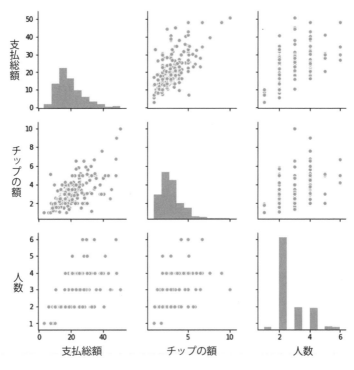

図20　3つの変数の散布図行列

線形の上昇傾向から判断して、2つの変数〔支払総額と人数〕がある程度は相関していることが見て取れます。しかし、ここに線形回帰の超平面を挿入してみると、超平面の両サイドには、無視できない残余（誤差）が存在するため、この2つの変数はそれほど強く直接的に相関するものではないことが分かり、回帰分析モデルにおいては、2つの変数についてどちらも独立変数に含めてもいいことが分かります。

　図21に示すヒートマップからも、支払総額と人数との間には0.6というゆるやかな相関スコアしかないことが確認できます。

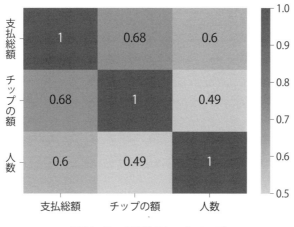

図21　3つの変数のヒートマップ

　散布図行列、ヒートマップ、相関スコアを使えば、独立変数が従属変数と相関しているかどうか（つまり、予測値に影響を与えているかどうか）についても調べられます。図21から、支払総額（0.68）と人数（0.49）は、従属変数であるチップの額と、ある程度は相関していることが分かります（相関係数は、−1と1の間で数値化され、1というのは、完全な正の相関を表し、−1というのは、完全な負の相関を表しています。そして、係数が0というのは、2つの変数がまったく無関係であることを表します。）

簡単にまとめると、重線形回帰で目指すべきことは、すべての独立変数が従属変数と相関していて、それぞれの独立変数同士は相関していないことです。

章末問題

重線形回帰を使って、客が食事代を支払うときにレストランに渡すチップの金額を予測するためのモデルを作成してみましょう。ちなみに、次のデータは実際のデータからの抜粋で、完全なデータセットは、244 行（支払件数は 244 件）あります。

	支払総額	チップの額	性別	喫煙	曜日	時間帯	人数
0	16.99	1.01	女性	No	日曜	夜	2
1	10.34	1.66	男性	No	日曜	夜	3
2	21.01	3.50	男性	No	日曜	夜	3
3	23.68	3.31	男性	No	日曜	夜	2
4	24.59	3.61	女性	No	日曜	夜	4
5	25.29	4.71	男性	No	日曜	夜	4
6	8.77	2.00	男性	No	日曜	夜	2
7	26.88	3.12	男性	No	日曜	夜	4
8	15.04	1.96	男性	No	日曜	夜	2
9	14.78	3.23	男性	No	日曜	夜	2

1) このモデル作成では、どの変数を従属変数にするべきですか。
   A　人数
   B　支払総額とチップの額
   C　支払総額
   D　チップの額

2) 上のデータを一見して、チップの額と線形関係にあると思われる変数はどれですか。（複数の変数を答えてもよい。）
   A　喫煙
   B　支払総額と人数
   C　時間帯
   D　性別

3)「独立変数は、従属変数や他の独立変数のうち1つ以上の変数と、強い
　相関関係を持っていることが重要です。」
　この考えは正しいですか、正しくないですか。

07 ロジスティック回帰

前章で示したように、線形回帰というのは、変数同士の関係を数値化して、結果となる連続変数を予測するために使われます。レストランでの支払総額と人数（客の数）というのは、どちらも、連続変数の例です。

しかし、たとえば、「新規客」か「既存客」かというようなカテゴリ型変数を予測する場合はどうしたらいいでしょうか。線形回帰のときとは違い、従属変数（y）は（チップの額のような）連続変数ではなく、離散的なカテゴリ型変数です。ここでは、変数同士の線形関係を数値化することではなく、ロジスティック回帰のような分類手法を使うことが必要になります。

ロジスティック回帰は、教師あり学習の手法の1つですが、量的な予測ではなく、質的な予測を出すものです。このアルゴリズムは、たとえば、妊娠している、妊娠していない、というような、離散的な2つのクラスのどちらであるかを予測するために使われます。ロジスティック回帰は、2値への分類という領域での有効性から、たとえば、詐欺検出、疾病診断、緊急事態検出、債務不履行検出のような、多くの領域で使われていて、非迷惑メール、迷惑メールのような特定のクラスへのふるい分けを使って、迷惑メール判定にも使われています。

ロジスティック回帰では、**シグモイド関数**を使って、諸々の独立変数（X）が、離散的な従属変数値（y）、たとえば、「迷惑メール」か「非迷惑メール」か、を出す確率が算出されます。

$$y = \frac{1}{1 + e^{-x}}$$

ここで：

x＝変換したい独立変数

e＝オイラー数

（この e は、自然対数の底、ネイピア数とも呼ばれ、約 2.718 です。）

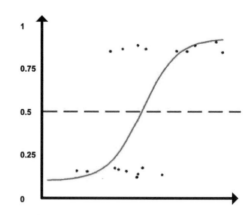

図 22　データ点を分類するために使うシグモイド関数

　シグモイド関数は、Ｓ字曲線を描く関数で、すべての数値を変換して、
0 と 1 の間の、極限である 0 や 1 には決して到達しない数値として配置し
なおします。上の式を使って、シグモイド関数で、独立変数を、従属変数
として 0 と 1 の間の確率表現に変換します。0 という値は、あることが起
こる可能性がないことを意味していて、1 という値は、それが確実に起こ
ることを意味しています。1 つの値に対する確率の程度は、0 と 1 の間の
値であり、その値がどれだけ 0（不可能）に近いか、あるいは、どれだけ
1（確実）に近いかによって決まります。

　ロジスティック回帰では、独立変数から得られた確率に基づいて、各デー
タ点を離散的なクラスへと分類します。（図 22 のような）2 値への分類
の場合には、データ点を分類する切割値は、0.5 になります。0.5 より大き
い値を出すデータ点はクラス A に、0.5 より小さい値を出すデータ点はク
ラス B に分類します。ちょうど 0.5 という結果を出すデータ点は、分類不
可能としますが、シグモイド関数の数学的要素から考えると、そのような
ことは非常にまれにしか起こりません。

シグモイド関数を使ってロジスティック変換をすると、図23に示されるように、データ点は2つのクラスのどちらかに分類されます。（図23は、2つの独立変数についての例です。）

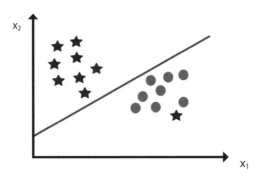

図23　ロジスティック回帰の例

　ロジスティック回帰で使う図は、見た目では線形回帰と似ていますが、ロジスティック超平面は、線形回帰のときのような予測値の傾向線ではなく、分類境界（決定境界）を表しています。つまり、ここでは、超平面は数値的予測を出すためではなく、データセットを複数のクラスへと分割するために使われるのです。2値への分類の場合、超平面（決定境界）は、そのモデルにおいて、データ点の出す結果が0.5の確率であると評価されるような点を表しています。

　ロジスティック回帰と線形回帰とのもう一つの違いは、ロジスティック回帰では、従属変数（y）は、縦の軸に表示されるのではないという点です。たとえば上の図23のロジスティック回帰では、独立変数は、2つの軸にそってプロットされ、従属変数であるクラス（アウトプット）は、決定境界線に対するデータ点の位置によって決まります。決定境界線の一方の側にあるデータ点は、クラスAに分類され、決定境界線の逆側にあるデータ点は、クラスBに分類されるということです。

2つ以上の離散的な結果への分類事例として、図24に示した多項ロジスティック回帰を見てみましょう。

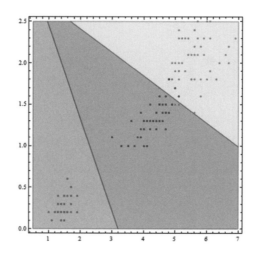

図24　多項ロジスティック回帰の例

　多項ロジスティック回帰は、2値的なロジスティック回帰と同じ分類手法ですが、離散的な結果が3つ以上あるような多クラス的問題を解くのに使われます。多項ロジスティック回帰は、一定の数の離散的結果を持つ順序数的事例、たとえば、大学入学前、大学在学中、大学卒業後、への分類のような例にも使えます。ただし、頭に入れて置いてほしいのですが、ロジスティック回帰が本当の強さを発揮できるのは、2値的な予測においてであり、多クラス的問題に対しては、決定木やサポートベクターマシンの方が手法として適していることもあります。

　ロジスティック回帰を使うときには、データセットに欠損値がないようにすることと、すべての変数が相互に独立であることに気をつけてください。正確性を確保するためには、それぞれの結果へと分類される、十分な量のデータがあることも必要です。まずは、それぞれの結果に対して、だいたい30〜50のデータ点、つまり、2値ロジスティック回帰だったら、

合計で 60〜100 のデータ点くらいから始めるとよいでしょう。一般的には、ロジスティック回帰は、あまり大きなデータセットでは、特に、外れ値や複合的関係や欠損値を含んだ乱雑なデータではうまくいきません。

章末問題

ロジスティック回帰を使って、次のデータセットから、ペンギンを様々なクラスに分類してみましょう。本当のデータセットは344行分ありますが、以下に提示するのは、完全なデータセットからの抜粋です。

	種	島名	くちばしの長さ(mm)	くちばしの縦幅(mm)	羽の長さ(mm)	体重(g)	性別
0	アデリー	トージャーセン島	39.1	18.7	181.0	3750.0	オス
1	アデリー	トージャーセン島	39.5	17.4	186.0	3800.0	メス
2	アデリー	トージャーセン島	40.3	18.0	195.0	3250.0	メス
3	アデリー	トージャーセン島	NaN	NaN	NaN	NaN	NaN
4	アデリー	トージャーセン島	36.7	19.3	193.0	3450.0	メス
5	アデリー	トージャーセン島	39.3	20.6	190.0	3650.0	オス
6	アデリー	トージャーセン島	38.9	17.8	181.0	3625.0	メス
7	アデリー	トージャーセン島	39.2	19.6	195.0	4675.0	オス
8	アデリー	トージャーセン島	34.1	18.1	193.0	3475.0	NaN
9	アデリー	トージャーセン島	42.0	20.2	190.0	4250.0	NaN

1) 次の3つの変数の組合せのうち、ペンギンを分類するために独立変数として使えるのはどの組合せですか。
    A　種、島名、体重（g）
    B　くちばしの長さ（mm）、性別、体重（g）
    C　体重（g）、島名、性別
    D　種、島名、性別

2) 欠損値を含んでいるのはどの行でしょうか。

3) 提示されているデータセットにおいて、どの変数が2値変数ですか。

08 k-最近傍法

　機械学習におけるよく知られた分類技術に、**k-最近傍法**（k-Nearest Neighbors；k-NN）があります。k-最近傍法は、教師あり学習のアルゴリズムの1つで、新しいデータ点をその位置に基づいて近くのデータ点のクラスに分類するものです。

　k-最近傍法は、投票システムや人気コンテストと似ています。たとえばあなたが学校の新入生で、新しい環境に溶け込むためにどんな服を着たらいいかを知りたいとしましょう。学校での最初の日、あなたの一番近くに座っている9人の学生のうち6人がそでまくりをしていたのを見たとします。近くの席の多数派にならって、あなたもそでまくりをすることを決めました。このような考え方を、k-最近傍法でも行うのです。

　k-最近傍法の具体例の図を見てみましょう。

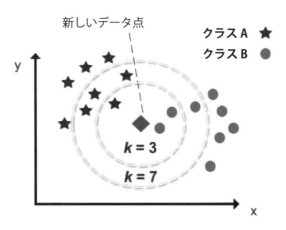

図25　新しいデータ点のクラスの予測に用いられた k-最近傍法クラスタリングの例

図 25 の例では、データ点は 2 つのクラスタ（クラス）にカテゴリ化され、散布図によって任意の 2 つのデータ点の距離が計算できます。次に、クラスが分かっていない新しいデータ点を図に加えます。すると既存のデータ点に対する位置に基づいて、新しいデータ点のカテゴリを予測することができます。

　あらかじめ最初に、新しいデータ点を分類するために使用するデータ点の個数 k を設定する必要があります。もし k に 3 を設定したならば、k-近傍法では 3 つの最も近いデータ点（近傍）に対して新しいデータ点の位置を分析します。ある新しいデータ点に対して、3 つの最も近いデータ点により、クラス B に属するデータ点 2 つとクラス A に属するデータ点 1 つが与えられました。k＝3 と定義することによって、新しいデータ点のカテゴリの予測は、3 つの最近傍の点のうち 2 つが所属するクラス B となりました。

　k として定義された近傍の数の選択は、結果を決定するために重要なものです。図 25 において、k を "3" から "7" に変更することによって異なる分類の結果が得られることが分かります。k をあまりに低い値に設定するとバイアスが増加し、誤分類が発生しますし、k をあまりに高い値に設定すると計算負荷が高まってしまいます。k を奇数に設定すると統計的な行き詰まりや妥当性のない結果が発生する可能性を削減することができるでしょう。Python のパッケージである Scikit-learn を使ったこのアルゴリズムでは 5 が近傍のデフォルト値となっています。

　個別の変数の尺度が k-最近傍法の出力に主要な影響を与えるとすれば、データセットは通常、4 章で紹介したように、標準変数として変換される必要があります。この変換によって、大きな変動の範囲を持つ特定の変数が k-最近傍法モデルにおいて不当に重要な扱いを受けることを防ぐことになります。

　どのような種類のデータを扱うかについては、k-最近傍法は、連続変数に適しているといえます。0 と 1 で示される 2 値カテゴリカル変数を使うことも可能ですが、その結果は、図 26 で図示されるように、2 分割される結果になりがちです。

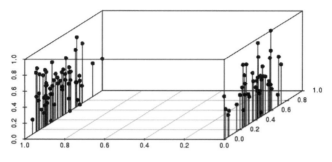

図26　1つの2値変数と2つの連続変数

　上の図では、水平なx軸は2値（0または1）であり、データは2つの側に明確に分かれています。加えて、もし図26の2つの連続変数の1つを2値変数に変更したとしたら（図27に示すように）、変数間の距離は2つの**2値変数**の観測値からより大きな影響を受けることが分かります。

　したがって、もし、2値変数をk-最近傍法分析の一部に使いたいと思うのならば、本当に必要な2値変数のみを予測モデルに組み入れるのが最も適切です。

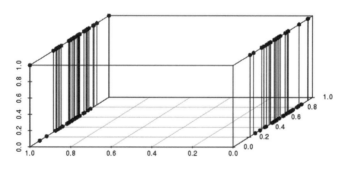

図27　2つの2値変数と1つの連続変数

　k-最近傍法は一般に正確で、理解しやすいものですが、すべてのデータセットを対象として、新しいデータ点と既存のデータ点すべての間の距離を計算することはコンピュータにとって非常に大きな負荷となります。1

つの予測を実行する処理時間はデータ点の数に比例し、データ点の数が多いと処理速度が低下します。この理由から、k-最近傍法は一般的に大きなデータセットの分析には推奨されません。

　もう1つの想定される欠点は、k-最近傍法を複数特徴量（multiple features）によって高次元データ（3次元や4次元）に適用することが難しいことです。3次元や4次元空間における多重距離（multiple distances）の測定はコンピュータ資源の観点で非常にやっかいなものであり、正確な分類を行うことはより困難になります。

章末問題

k を 5（近傍）とした k-最近傍アルゴリズムを使い、ペンギンを異なる種に分類します。

	種	島名	くちばしの長さ(mm)	くちばしの縦幅(mm)	羽の長さ(mm)	体重(g)	性別
0	アデリー	トージャーセン島	39.1	18.7	181.0	3750.0	オス
1	アデリー	トージャーセン島	39.5	17.4	186.0	3800.0	メス
2	アデリー	トージャーセン島	40.3	18.0	195.0	3250.0	メス
3	アデリー	トージャーセン島	NaN	NaN	NaN	NaN	NaN
4	アデリー	トージャーセン島	36.7	19.3	193.0	3450.0	メス
5	アデリー	トージャーセン島	39.3	20.6	190.0	3650.0	オス
6	アデリー	トージャーセン島	38.9	17.8	181.0	3625.0	メス
7	アデリー	トージャーセン島	39.2	19.6	195.0	4675.0	オス
8	アデリー	トージャーセン島	34.1	18.1	193.0	3475.0	NaN
9	アデリー	トージャーセン島	42.0	20.2	190.0	4250.0	NaN

1）次の変数のうち、k-最近傍モデルから削除すべきと考えられるのはどれですか。

    A 性別

    B 種

    C 体重（g）

    D くちばしの縦幅（mm）

2）モデルの処理時間を減らしたいとき、次の方法のどれが推奨されますか。

    A k を 5 から 10 に増やす

    B k を 5 から 3 に減らす

    C モデルを再実行し、より早く結果が出ることを望む

    D 訓練データのサイズを増やす

3) 変数「性別」をモデルに含めるとき、どのデータスクラブ法を使う必要がありますか。

09 k-平均法クラスタリング

　今度の分析手法は、教師なし学習を用い、同じ属性を共有するデータ点をグループ化（クラスタ化）するものです。たとえば、オンラインビジネスにおいて、1年の同じ時期に購買する顧客のセグメントを検討し、顧客の購買行動に影響を与える要因が何かを識別したいとしましょう。与えられた顧客のクラスタを理解することによって、販促や個人向けの販売提案を用いてどの商品を顧客に勧めるかについて、意思決定を行えます。マーケットリサーチ以外にも、クラスタリングはパターン認識、詐取検知、画像（イメージ）処理など他の用途にも適用できます。

　もっとも知名度のあるクラスタリング技術の1つがk-平均法クラスタリングです。k-平均法クラスタリングは、教師なし学習の1つで、データをk個の離散群（discrete groups）に分割するものであり、新しいパターンを明らかにするためにとても効果的なものです。対象とするグループ分けの例としては、動物の種の分類、同じ特徴を持った顧客の分類、住宅マーケットセグメンテーションの割り当てが挙げられます。

元データ　　　　　　　　　クラスタ化されたデータ

 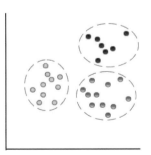

図28　元データとk-平均法によってクラスタ化されたデータ

k-平均法クラスタリングでは、最初の分割データをk個のクラスタに分割することから始まります。ここでkは分析者が生成したいクラスタの数を表します。たとえば、もし、データセットを3つのクラスタに分割するのならば、kには3を設定します。図28では、元のデータが3つのクラスタ（k=3）に変換されていることが分かります。もし、kに4を設定した時は、4つのクラスタを生成するためデータセットから追加のクラスタが派生することになります。

　どのようにしてk-平均法クラスタリングはデータ点を分離するのでしょうか？　最初の手順は、元のデータを見て、手動でそれぞれのクラスタの**重心**を選択することです。この重心は個々のクラスタの中心を形成します。

　重心はランダムに選択することもできます。つまり、散布図上の任意のデータ点を重心とするように指定することができます。ただ、散布図上に分散し、お互いに直接的に隣接していない重心を選択すれば、計算に関わる時間を短縮することができます。言い換えると、各クラスタの重心がどこにあるかを推測することから始めるとよいのです。

　散布図上の残りのデータ点は、**ユークリッド距離**を測ることにより最も近い重心に割り当てられます。

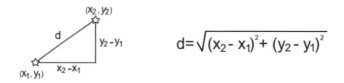

$$d = \sqrt{(x_2 - x_1)^2 + (y_2 - y_1)^2}$$

図29　ユークリッド距離の計算

　それぞれのデータ点は1つのクラスタのみに割り当てられ、それぞれのクラスタは個別のものとなります。このことは、クラスタ間の重複が存在せず、あるクラスタの内部にもう1つのクラスタが存在するという場合がないことを意味します。その結果、**アノマリー**（anomalies）を含むすべてのデータ点が、特定の重心に割り当てられます。クラスタは一般的に楕円や球状になります。

すべてのデータ点が重心に割り当てられた後の次の手順は、それぞれの
クラスタに所属するデータ点の算術平均を集計することです。これはそれ
ぞれのクラスタ内のデータの x, y 値の平均を計算することで得られます。

　次に、それぞれのクラスタ内のデータ点の x, y の平均値を用い、重心
軸を更新します。この操作によって 1 つ以上の重心の位置が変化するかも
しれません。しかし、クラスタの総数は、新しいクラスタを作成せず散布
図上の位置を更新する限りにおいては同じ個数になります。残されたデー
タ点は、k 個の中で最も近い重心のクラスターに変更となります。

　重心の変化によって散布図上のいずれかのデータ点がクラスタを変更さ
せた場合、前述の手順を繰り返します。クラスタの代表値である平均値を
計算し、そのクラスタにおけるデータ点の平均値を反映して、重心の x, y
の値を更新することになります。

　重心軸の更新後も、それ以上データ点がクラスタを変更しない段階に到
達したら、アルゴリズムは終了し、最終的なクラスタ集合が得られます。

　次の図で、アルゴリズム全体の過程を詳しく見てみましょう。

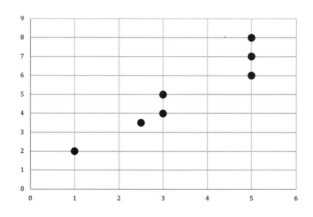

図 30　散布図上にプロットされた標本データ点

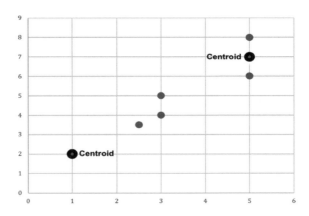

図31　2つの既存のデータ点が重心（centroids）の候補として設定されています。

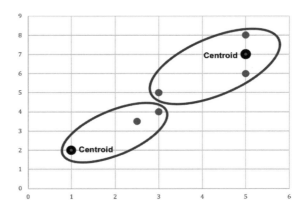

図32　残りのデータ点の重心に対するユークリッド距離を計算した後、
　　　2つのクラスタが形成されました。

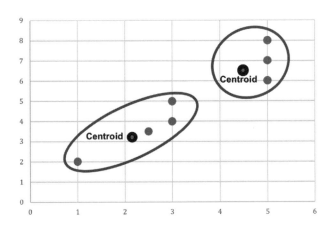

図 33　クラスタの平均値を反映して、それぞれのクラスタの重心が更新されました。2 つの今までの重心は元の位置にとどまり、2 つの新しい重心が散布図に加わりました。その結果、1 つのデータ点が右のクラスタから左のクラスタに移ったため、両方のクラスタの重心の更新が再び必要になりました。

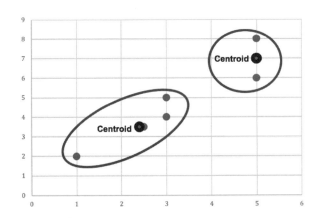

図 34　それぞれのクラスタの重心を更新し、2 つの最終的なクラスタが定まりました。

　この例では、2 回のクラスタ形成の繰り返しによって 2 つのクラスタを生成するのに成功したように見えます。しかし、k-平均法クラスタリング

はいつも信頼性のある最終的なクラスタの組み合わせを特定するとは限りません。そのような場合には戦略を変更し分類モデルの分析を行うために他のアルゴリズムを利用する必要があります。

　同様に、k-平均法クラスタリングを行う前に標準化を用いて、入力された特徴量の**尺度調整**を行う必要があることに留意してください。この作業によってクラスタの本当の形を保持し、最終的な出力においてばらつきが誇張される（横や縦に極端に広がったクラスタなど）のを防ぎます。

k の設定

　k-平均法クラスタリングにおいて"k"（の値）の設定を行う時、クラスタの適切な数を定めることは重要です。一般的に、k が増加すると、クラスタは小さくなり、クラスタ内のばらつきは小さくなっていきます。ところが、k を大きくしすぎると、近くのクラスタがお互いに類似してくるという欠点があります。

　もし、データセットにおいて k をデータ点の数と同じ値に設定したならば、それぞれのデータ点は孤立したクラスタになってしまいます。逆に k を 1 に設定すれば、すべてのデータ点は均質とみなされ、1 つの大きなクラスタの中に入ってしまうでしょう。言うまでもなく、k を極端な値に設定することは価値ある結果をもたらしません。

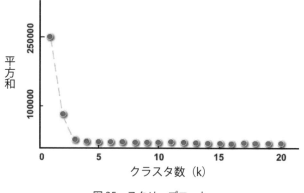

図35　スクリープロット

kを最適化するためには、**スクリープロット**（scree plot）を目安として用いることができます。スクリープロットは、kのそれぞれの値について、2乗誤差合計（Sum of Squared Error; SSE）を示したもので、クラスタの全体数が増えるにつれての散らばり（scattering）（分散）の度合いを図示します。スクリープロットは「ひじ」のような形（よじれ）が特徴的です。2乗誤差合計はクラスタ内の重心と各データ点との距離の2乗の合計として計算されます。クラスタの数を増やすと、2乗誤差合計の値は低下していきます。

　スクリープロットを用いたとき、クラスタの最適な数はいくつになるのでしょうか。一般的には、スクリープロット上で、左側が急な落ちこみで、右側がほぼ水平になる直前のクラスタ数を選択するべきです。たとえば、図35において、4以上のクラスタ数において2乗誤差合計に大きな影響は存在しません。4以上の解を選択することは、小さく区別が困難なクラスタを生じさせる結果となるでしょう。

 訳者より

スクリープロット

　スクリープロットとは、心理統計などでよく使われるグラフで、本章のようなクラスタ数の特定や探索的因子分析における因子数の特定によく使われます。このグラフの書き方は簡単で、まず対象となる集団を評価基準の多い順に並べ、横軸とします。次に集団のそれぞれの要素に対応する評価基準を縦軸に取り折れ線グラフを作ります。ここではクラスタを2乗誤差合計の大きい順に横軸に並べ、2乗誤差合計を縦軸に取っています。

　評価基準である2乗誤差合計の減少度合いは一定ではなく、ある値を境にして急激に下がることがあります。この下がり具合を崖（scree）と表現したのがスクリープロットの由来です。

図 35 のスクリープロットにおいて、2 個または 3 個のクラスタが理想的な解に見えます。2 乗誤差合計の明確な落ち込みが生じているため、2 つ目の左に重要なねじれが存在しています。一方で 2 乗誤差合計は右側に行くにつれてまだ若干変化を見せています。これによって 2 つのクラスタ解 k = 2, 3 は特別なものであり、データ分類において有効なものであることが分かります。

　クラスタ数の解を決めるもう 1 つの便利な方法は、データ点の総数を 2 で割り、平方根を取るというものです。

$$\sqrt{\frac{n}{2}}$$

　たとえばデータ点が 200 だった場合、推奨されるクラスタ数は 10 であり、データ点が 18 だった場合は、提案されるクラスタ数は 3 となります。

　あまり数学的ではありませんが、k の設定についてのより単純なアプローチは、専門知識（業界や業務経験に基づく知識）を使うことです。たとえば、もし大きな IT 企業のウェブサイトへの訪問者に関するデータを分析するならば、私は k を 2 に設定してみようと思うでしょう。なぜ 2 つのクラスタなのでしょうか？　なぜならば、私は既に再訪問者と新規訪問者の間に消費行動の点で大きな相違が存在するかもしれないということを知っているからです。初回の訪問者は企業レベルの IT 製品やサービスの購入を行うことはめったにありません。なぜなら、このような顧客は購入に至る前に、通常は長い製品チェックと評価を行うからです。

　したがって、私は自分の仮説を評価するために、2 つのクラスタによる k-平均法クラスタリングを使います。2 つのクラスタを生成した後には、2 つのクラスタの 1 つを選択し、そのクラスタに対し他の分析を行ったり、k-平均法クラスタリングを再度実行しながらさらに吟味するかもしれません。たとえば、「携帯機器からのユーザーとデスクトップパソコンからのユーザーは 2 つの異なるデータ点の集合を作る」という私の仮説を検討するために、k-平均法クラスタリングを用いて再訪問者を 2 つのクラス

タに分割するかもしれません。専門知識を用いることにより、企業向け商品で多額の購入を携帯端末から行うことは普通ではないことが分かり、この動向を k-平均法クラスタリングを用いて検討することができます。

　一方で、もし 4.99 ドルのドメイン名のような低価格品の商品ページに注目したならば、新規訪問者と再訪問者は 2 つの異なるクラスタを設定しないかもしれません。商品価格が低いため、新規客は購入の前にそれほど熟考しないからです。その代わりに、主要な 3 つの見込み顧客獲得ツール（広告以外の検索（organic traffic）、広告検索（paid traffic）、e-メールマーケティング）に基づいて k を 3 に設定することを選ぶかもしれません。これらの 3 つの顧客獲得源は次の事実に基づき異なる 3 つのクラスタを生成します。

a) **広告以外の検索**　一般的に、ウェブサイトでの購買を行いたい新規と再訪の顧客から構成されます。これらの顧客は事前に口コミや過去の顧客の体験などの調査を行っています。

b) **広告検索**　広告以外の検索に比べて商品に対する信用の低い状態でweb 広告を見て訪問した新規の顧客を対象としており、この中には有料広告を誤ってクリックした潜在的顧客も含まれます。広告以外の検索に比べ、商品に対する顧客の信頼は低いと言えます。

c) **e-メールマーケティング**　ウェブサイトでの購買経験をすでに持っており、登録・確認されたユーザーアカウントを持つ既存顧客を対象としています。

　これが私の経験に基づく専門知識の例ですが、「専門知識」の効果は、クラスタの数が小さい時に限られ、クラスタの数が大きくなると効力は薄れます。言い換えると、専門知識は 2 個から 4 個のクラスタを決定するには十分な効力を発揮しますが、20 個や 21 個のクラスタといったより大きなクラスタ数を選択するときにはあまり価値がないものになるでしょう。

章末問題

今回の課題はk-平均法クラスタリングを用い、航空便のデータセット（1949年から1960年までの航空便の記録）を離散クラスタに分類することです。全体のデータセットは145行から構成されます。

	年	月	乗客数
0	1949	January	112
1	1949	February	118
2	1949	March	132
3	1949	April	129
4	1949	May	121
5	1949	June	135
6	1949	July	148
7	1949	August	148
8	1949	September	136
9	1949	October	119

1) すべての変数を分析するためにk-平均法クラスタリングを用いるとすると、クラスタ数kの良い初期値はどのようなものになるでしょうか。（専門知識 を基に考えてみましょう。）

   A   k = 2
   B   k = 100
   C   k = 12
   D   k = 3

2) 適切なクラスタ数を発見するために、次のうちどの評価技術が使われ
   るのでしょうか。
   A　大エルボー法（Big elbow method）
   B　平均絶対誤差
   C　スクリープロット
   D　One-hot エンコーディング

3) k-平均法クラスタリングを実行するためにはどの変数をデータスクラ
   ブ（変換）する必要がありますか。

10 バイアス（偏り）と分散

　アルゴリズムの選択はデータのパターンの理解には必須の手順ですが、新しいデータ点を正確に予測する一般的なモデルの設計はとても挑戦的な仕事になります。それぞれのアルゴリズムにはさまざまな超母数があり、超母数を変えると予測が大きく変わる可能性があるのです。

　超母数はアルゴリズムの設定として動く数行のコードです。その役割は、飛行機の計器盤や無線の周波数を調整するためのつまみと似たものと言えるでしょう。

```
model = ensemble.GradientBoostingRegressor(
    n_estimators = 150,
    learning_rate = 0.1,
    max_depth = 30,
    min_samples_split = 4,
    min_samples_leaf = 6,
    max_features = 0.6,
    loss = 'huber'
)
```

図 36　Python の勾配ブースティング（gradient boosting）のための超母数の例

　機械学習においてよくあらわれる問題は**過少学習**（underfitting）と**過学習**（overfitting）の制御ですが、これはモデルがデータの実際のパターンにどれぐらい近くなっているかということを意味します。過少学習と過学習を理解するためには、バイアス（偏り）と分散を最初に理解する必要があります。

　バイアスとは、モデルによって予測された値とデータの実際値の間の隔たりをさします。高いバイアスが存在する場合、予測の結果は、実際の値

から離れて特定の方向に歪むような傾向が出るときがあります。**分散**は、予測値同士が互いにどの程度散らばったかを示します。バイアスと分散は次の図による説明を見て理解してください。

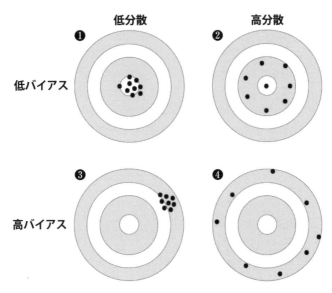

図 37　バイアスと分散の関係を表した射撃の的

　図 37 で示した射撃の的は、機械学習でよく用いられる視覚化の技法ではありませんが、ここではバイアスと分散を説明するために用いています[1]。

　的の中心（中心円）がデータの完全に正しい値を予測していると思ってください。的の上に記された点は、訓練データやテストデータに基づいたモデルによる予測を表しています。特定の場合においては、この点は中心円にかなり近く位置することになりますが、これはモデルにより行われた予

[1]　Prratek Ramchandani, "Random Forests and the Bias-Variance Tradeoff," Towards Data Science, https://towardsdatascience.com/random-forests-and-the-bias-variance-tradeoff-3b77fee339b4

測が実際の値やデータによって得られたパターンと近いことを意味します。他の場合においては、モデルの予測が的の中心からかなり散らばって現れるときもあります。予測が中心円から外れれば外れるほど、実際の正確な予測を行う際にバイアスが高くなり、モデルの信頼性が下がっていきます。

　最初の的（図 37 の左上の的❶）を使って、バイアスと分散が低い場合を確認しましょう。バイアスが低いということはモデルの予測が中心の近くに集まっていることを意味し、低い分散になっているということは予測がある特定の部分に集中していることを意味します。

　次の的（図 37 の右上の的❷）はバイアスが低く分散が高い場合を示しています。予測は前の事例ほど中心円に近くはありませんが、依然として中心に近くなっており、バイアスは比較的低くなっています。しかし、大きな分散であるため、予測同士は互いに離れて散らばっています。

　3 つ目の的（図 37 の左下❸）はバイアスが高く分散が低い場合、4 つ目の的（図 37 の右下❹）はバイアスと分散が高い場合を示します。

　理想的なのは、分散とバイアスの両方が低い場合です。しかし、現実的には、理想的なバイアスと理想的な分散の間にはトレードオフの関係が存在することがしばしばあります。バイアスと分散は両方とも誤差の減少に貢献するものですが、最小化したいものは予測誤差であり、バイアスや分散そのものではありません。

　自転車に乗るのを最初に習ったときのように、最適なバランスを見つけることは、機械学習で最も挑戦的なもののひとつです。データを通してアルゴリズムを制御するのは簡単な部分である一方で、難しい部分はモデルのバランスの状態を調整しているときにバイアスと分散を制御することです。

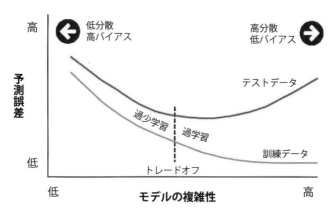

図38　予測誤差に基づくモデルの複雑性

　図を用いて視覚的に、この問題をより詳細に検討します。図38では2つの曲線が確認できます。上の曲線はテストデータを表し、下の曲線は訓練データを表しています。図の左から、両方の曲線は、分散が低くバイアスが高い状態のために**予測誤差**が高い点から始まっています。この2つの曲線が右に動くと、反対の状態、つまり、高い分散と低いバイアスに変化します。これによって訓練データの場合においては低い予測誤差が導かれ、テストデータの場合においては高い予測誤差が導かれます。図の中心は訓練データと予測データの間の予測誤差のバランスが最適化されている場合です。この真ん中の場合がバイアスと分散のトレードオフの典型的な説明となります。

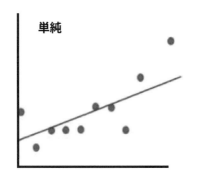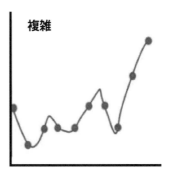

図 39　過少学習（左）と過学習（右）

　バイアスと分散のトレードオフの制御不足は、悪い結果となることがあります。図 39 でわかる通り、この制御不足はモデルを過剰に単純化し、柔軟性のないものにするか（過少学習）、過大に複雑にし、柔軟性を過剰にする（過学習）かのどちらかの結果を生み出します。

　図 39 の左側は過少学習（分散が低く、バイアスが高い）、右側は過学習（分散が高く、バイアスが低い）の事例です。通常は精度を改善するために図 39 の右側で見られるようにモデルに複雑性を加えたくなるのが自然でしょう、しかし、これは過学習を結果として生み出します。過学習となったモデルは、訓練データを用いた場合は精度の高い予測をしますが、テストデータを用いて予測を行った場合の精度は低くなります。また、訓練データとテストデータが分割される前に無作為化されておらず、データのパターンが訓練データとテストデータにおいて等しく分割されていない場合にも、過学習は発生します。

　過少学習は、モデルが過剰に単純化されているときであり、データの基本的なパターンに十分に対応していないときに発生します。その結果として訓練データとテストデータの両方に対し、精度の低い予測が行われてしまいます。過少学習が起きる通常の原因は、訓練データが不十分でありすべての可能な組み合わせを十分に含んでいないことや、訓練データとテストデータが正しく無作為化されていないことなどが挙げられます。

　過少学習と過学習を緩和するためには、モデルの超母数を変更し、訓練データとテストデータのどちらか一方だけでなく両方のパターンに適合さ

せるようにすることです。適切な適合とは、データの「意味のある傾向」をとらえ、小さな変動については軽く扱うか無視するようなものです。適切な適合を行うためには、訓練データとテストデータを無作為化したり、基本的なパターンをよりよく検知するように新しいデータ点を加えたり、バイアスと分散のトレードオフの問題をうまく扱うためにアルゴリズムを変更することを行います。たとえば、線形回帰は過学習を起こしにくいアルゴリズムの1つです。(ただし、このアルゴリズムは過少学習が起こる可能性があります。)

このような過学習、過少学習への対策として、たとえば線形回帰から非線形回帰にアルゴリズムを変更し、分散を減少させてバイアスを減らせることがあります。またk-最近傍法においては、"k"を増やすと、より多くの近傍と一緒にクラスタを作り、分散を小さくすることができます。3つ目の例は、過学習におちいりやすい単純決定木から、多くの決定木を含むランダムフォレストに変更することです。

過学習に対するより進んだ戦略の1つは正規化(regularization)の導入であり、これはモデルをより単純化するために制約を加えて過学習のリスクを減らすものです。実際に、超母数を追加することによってモデルの複雑性の増加に**罰則**を与えてバイアス誤差を人為的に増加させたり、他の超母数が最適化されている間、高い分散を保つよう作用します。

分散やバイアス誤差に正規化された超母数を設定することによって訓練データに対する過学習を回避できますが、時には過少学習につながるかもしれません。線形回帰では、超母数を設定することで、超平面に関して比較的平坦な傾き(0に近いもの)が生じたり、サポートベクターマシンの場合は極端に広い**マージン**を構成してしまうこともあります。

最後に、モデルの精度を改善するもう1つの技術は、5章で述べたように、交差検証を行うことです。交差検証を行うことで、訓練データとテストデータの間のパターンの相違を最小化できます。

 **訳者より**

> ### 罰則（penalty）
>
> 　罰則（penalty）とは、統計モデルの母数推定や適合度評価に
> おいて分析者の意図や分析の目的に沿って推定などの手続きを最
> 適化するために導入する追加の情報を意味します。たとえば、交
> 通事故を減らすという目的のために、スピード違反や信号無視な
> どの行為に罰金を課し、交通事故が発生する要因を減らし、最適
> 化を図ることは罰則の一例です。

11 サポートベクターマシン

1990 年代のコンピュータサイエンスコミュニティにおいて、**サポート
ベクターマシン**（Support Vector Machines; SVM）は、当初は、数値変
数とカテゴリ変数の両方の出力を予測するために設計されました。しかし
今日では、大部分のサポートベクターマシンは主に、カテゴリ変数の出力
を予測するための分類技術として用いられています。

　分類技術としては、サポートベクターマシンはロジスティック回帰と同
じ役割を果たし、データを 2 値や多クラスのターゲット変数にフィルタリ
ングするために使われます。しかし、図 40 で示したように、サポートベ
クターマシンは分類境界線の位置について別の見方をします。

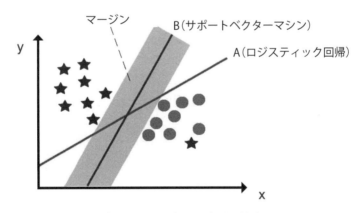

図 40　ロジスティック回帰とサポートベクターマシン

　図 40 の散布図は線形分離可能な 17 のデータ点から構成されます。ロジ
スティック回帰決定境界（A）は、すべてのデータ点と決定境界の間の距
離を最小化するようにデータ点を 2 つのクラスに分割します。2 つ目の線

であるサポートベクターマシン決定境界（B）は同様に2つのクラスタに分割を行いますが、境界とデータ点の2つのクラスタの間の距離を最大化するように境界の位置を設定します。

　灰色の部分は**マージン**を示し、これは決定境界と最も近いデータ点の間の距離を2倍したものです。マージンは、サポートベクターマシンのカギとなる特徴で、ロジスティック回帰決定境界ではうまく分類できない新しいデータ点をうまく分類するための手助け（サポート）となるため、重要です。このことを説明するために、同じ散布図に新しいデータ点を加えてみましょう。

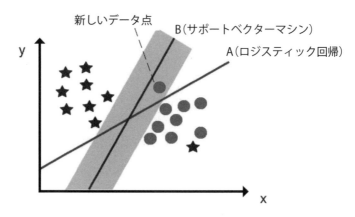

図41　新しいデータ点が散布図に追加されました

　新しいデータ点は丸で表されていますが、ロジスティック回帰決定境界（A）で考えた場合、そのルールに反して、その左上側（星のデータ点のために取られている部分）に位置しています。しかし、サポートベクターマシン決定境界（B）であれば、マージンによって与えられた十分な「手助け（サポート）」のおかげで、その右下側（丸のデータ点のために取られている部分）に適切に位置しています。

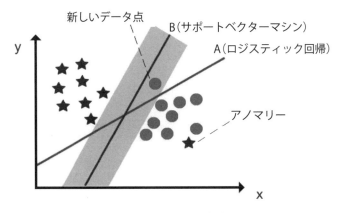

図42　アノマリーの緩和

　サポートベクターマシンは、複雑な関係性の解決や、外れ値やアノマリーを判定する基準の緩和にも役立っています。標準的なロジスティック回帰の限界は、外れ値やアノマリーを分類に適応させるための方法がないことです。（図42において星印が散布図の右中側にあるのがその例です。）ところが、サポートベクターマシンはそのようなデータ点の分類にあまり敏感ではなく、境界線の最終的な位置への影響を最小化しています。図42において、線B（サポートベクターマシン）は右側の例外的な星にはあまり敏感でないことが分かります。したがって、サポートベクターマシンは変則的なデータの制御を行う方法として用いることができます。

　また、サポートベクターマシンの境界線をまたいでしまったデータは「分類ミス」ですが、Cと呼ばれる超母数を使うことにより、これを無視するように調整することができます。

　機械学習アルゴリズムでは、（ある程度のノイズ[1]を含む）訓練データを厳密に扱うよりも、それらのノイズには多少目をつぶってパターンを一般化することが、通常好まれる傾向があります。サポートベクターマシンにおいては、「**広いマージン／多くの誤り**」と「**狭いマージン／少ない誤り**」の間にトレードオフ関係が存在します。目標は、「厳密過ぎない」と

---

[1]　データのカギとなる意味を不明瞭にする、ランダム要因や不要な情報。

「ゆるみ過ぎない」の間のバランスを取り、うまく両立させることです。超母数 C を調整することにより、反対側に分類されるケースをある程度無視し、バランスを制御することができます。

　超母数 C を使ってモデルに柔軟性を加えた場合は、「ソフトマージン」と呼ばれます。このソフトマージンの範囲であれば、境界線をまたいでしまったケースでも無視することで、モデルをより寛容にできます。C を低い値に設定したとき、マージンは広い、つまりソフトな状態にされます。特に、C の値を「0」にした場合は、分類ミスのケースに罰則を与えません。逆に、大きな C の値 [2] は分類ミスのケースに対するコストを大きく算出し、分類ミスを防ぐためにマージンの幅を狭くします（ハードマージン）。このハードマージンを用いると、モデルの訓練データに対する過学習を招き、それによって新しいデータ点の分類ミスが発生しやすくなる場合もあります。

　C の値を減らしモデルを正規化することにより、過学習——モデルが訓練データ上ではうまく動作するが、新しいデータ上ではうまく動作しない状態——に対処することもできます。最適な C は、一般的に試行と失敗を繰り返すことにより経験的に選択されますが、この最適化は**グリッドサーチ**と呼ばれる技術を用いて自動化することもできます。（16 章で議論します。）

---

[2] Scikit-learn ライブラリにおいて、超母数 C のデフォルト値は 1.0 であり、正規化の強さ（過学習に対する罰則）は C に反比例します。これは、1.0 より低い値は効果的にモデルに正規化を加え、罰則は L2 の 2 乗になることを意味します。（L2 はベクトル値の 2 乗の合計の平方根として計算されます。）

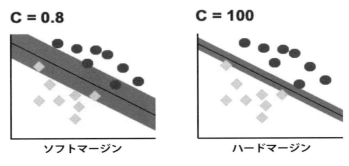

図43　ソフトマージン対ハードマージン

　これまでに議論してきた事例は2次元の散布図上に布置された2つの特徴量に関するものでしたが、サポートベクターマシンの実際の強みは高次元データや複数の特徴量を扱うことにあります。サポートベクターマシンは、カーネルトリックと呼ばれる方法を用いて高次元のデータを分類することを可能にする膨大な応用的バリエーションを持っています。この方法は、データセットが元の空間における線形決定境界を用いて分離出来ないときに用いられる応用的解法で、データを低次元から高次元空間へ写像を移します。たとえば、2次元から3次元空間への変換の場合、データを3次元の領域内に分割するために線形平面を使うことになります。言い換えると、カーネルトリックによって、線形分類が難しいデータ点を、もっと高次限な空間における線形分類を用いて分類することができるのです。

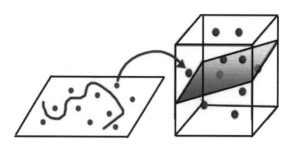

図44 この事例において、2次元空間では決定境界は非線形な分離線を提供していますが、3次元空間に投射されたデータ点の間では線形分離線に変換されています。

サポートベクターマシンを用いるときの留意すべき点は、この方法が特徴量の尺度に大きな影響を受けることと、これによってデータを訓練データ[3]として用いる前に再尺度化する必要がある場合があるということです。この問題に対しては、標準化を用いて、それぞれの特徴量の範囲を平均0の標準正規分布に変換することで対処します。標準化はScikit-learnライブラリでは、StandardScalerを用いて実装されています。

最後に、ロジスティック回帰や他の分類アルゴリズムと比べた場合のモデルの訓練時間の長さが、サポートベクターマシンの欠点となります。特に、データ数に対する特徴量の比率が低い、つまりデータ数に比べ特徴量の数が少ないデータに対しては、実行速度やパフォーマンスの制約があるため、お勧めできません。

---

[3] モデルの訓練は2回──正規化ありとなしの両方の場合──行い、2つのモデルの性能を比較した方が一般的に良い結果となります。

章末問題

　SVM 分類器を用い、あなたの島に来ているペンギンがどの島から来たものかを分類してみましょう。島を予測するには、ペンギンデータセットからすべての変数を使うこともできますし、一部だけ使うこともできます。

	種	島名	くちばしの長さ(mm)	くちばしの縦幅(mm)	羽の長さ(mm)	体重(g)	性別
0	アデリー	トージャーセン島	39.1	18.7	181.0	3750.0	オス
1	アデリー	トージャーセン島	39.5	17.4	186.0	3800.0	メス
2	アデリー	トージャーセン島	40.3	18.0	195.0	3250.0	メス
3	アデリー	トージャーセン島	NaN	NaN	NaN	NaN	NaN
4	アデリー	トージャーセン島	36.7	19.3	193.0	3450.0	メス
5	アデリー	トージャーセン島	39.3	20.6	190.0	3650.0	オス
6	アデリー	トージャーセン島	38.9	17.8	181.0	3625.0	メス
7	アデリー	トージャーセン島	39.2	19.6	195.0	4675.0	オス
8	アデリー	トージャーセン島	34.1	18.1	193.0	3475.0	NaN
9	アデリー	トージャーセン島	42.0	20.2	190.0	4250.0	NaN

1) 以下のうち、どの変数がこのモデルの従属変数になりますか。

　　A　島名

　　B　種別

　　C　性別

　　D　体格

2) 以下のうち、どの変数がこのモデルの独立変数になることができますか。

    A　島名

    B　すべての変数

    C　「島名」を除いたすべての変数

    D　種別

3) このアルゴリズムにおいて、どんなデータスクラブ技術が通常用いられますか。2つ答えてください。

12 人工ニューラルネットワーク

この章では、**人工ニューラルネットワーク**（artificial neural networks; ANN）、そして強化学習の入り口について学びます。人工ニューラルネットワークは、単に**ニューラルネットワーク**とも呼ばれ、決定層のネットワークを使いながらデータを分析するためのよく知られた機械学習技術の1つです。この技術の名前は、このアルゴリズムの構造が人間の脳に似ていることから発想を得ています。人工ニューラルネットワークは脳の**ニューロン**を人工的に作り出したものではありませんが、表情認知のような、情報を処理し、結果を出力するという点で脳の働きと似ています。

樹状突起　　　　　　　　　　　　　　　　**軸索末端**

軸索突起

図45　人間の脳のニューロンの構造

たとえば、脳には、相互接続されたニューロンがあり、この中に入力を受け取る樹状突起が含まれます。これらの入力から、ニューロンは軸索突起から電気信号の出力を生成し、これらの信号を軸索末端から他のニューロンに向けて放出します。人間の脳のニューロンと同様に、人工ニューラルネットワークは相互接続された決定関数（これは**ノード**として知られます）から構成され、軸索突起に似た**エッジ**とよばれるものにより他のノードと相互作用します。

ニューラルネットワークのノードはいくつかの層に分離され、一般的には広い基盤から始まります。この最初の層は、生の入力データ（たとえば数値、テキスト、画像ピクセルや音声）から構成され、ノードに分割されます。次にそれぞれの入力ノードが、ノードの次の層にネットワークのエッジを通して情報を送信します。

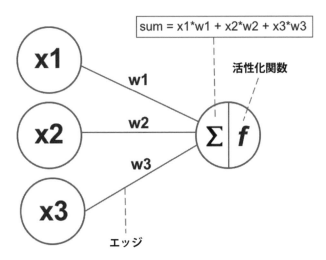

図46　基本的なニューラルネットワーク（ノード、エッジ、重みづけ、
　　　合計、活性化関数）

　ネットワークのそれぞれのエッジは、経験に基づき変更される数値的重みをもっています。もし、結合されたエッジの合計が、ある設定されたしきい値（これは**活性化関数**として知られています）を満たすなら、この結果により、次の層のニューロンが活性化されます。結合されたエッジの合計がその設定された閾値を満たさなければ、活性化関数はうまく働きません。つまり、この仕組みは０か１かの２種類の決定しかできないのです。加えて、それぞれのエッジに対する重みは独立です。これは、ノードはそれぞれ異なる条件で発火し（出力を返し）、同じ解を返すことを防ぐように働くということです。
　教師あり学習を用いたとき、モデルにより予測された出力は実際の出力

（正解として扱われるもの）と比較され、これら2つの結果の間の差は、コストやコスト値として測定されます。学習における訓練の目的は、モデルの予測が正しい出力に近い値になるまでコスト値を減らすことです。このような結果は、可能な限り低いコスト値が得られるまで、ネットワークの重みを徐々に微調整することにより得られます。このニューラルネットワークの訓練におけるプロセスは、**誤差逆伝播法**と呼ばれています。左から右に伝達することでネットワーク内でデータが生成される場合に、誤差逆伝播法は出力層（右）から入力層（左）にという逆向きの役割を果たしています。

ブラックボックスのジレンマ

　ネットワークを基にしたモデルの不都合な点の1つがブラックボックスのジレンマです。ネットワークは出力を正確に近似しますが、その決定過程を追ったとしても、どの変数が決定に影響したかに関する内部情報をほとんど得ることができません。たとえば、もし、ニューラルネットワークをキックスターター（創造的なプロジェクトに対するオンラインのクラウドファンディングのプラットフォーム）のキャンペーンの結果の予測に使うのならば、ネットワークはキャンペーンのカテゴリ、通貨、実施期間、最小の予定される売り上げや利益など膨大な独立変数を分析することになります。ところが、このモデルは、これらの独立変数と、投資に対する数値目標に到達するキャンペーンに対する従属変数との関係性を特定できません。一方で、決定木や線形回帰のようなアルゴリズムは、与えられた出力と独立変数の間の関係性を明示することができる点で透明性が高いといえます。加えて、異なる幾何構造と重みづけをもった2つのニューラルネットワークが同じ出力を出すことも可能であり、これが出力に対する独立変数の影響をたどることをより困難にしています。

　この結果から、次のような疑問がわきます。ブラックボックス化された技術だということがわかっていて、いつニューラルネットワークを使うのだろうか？ この疑問に対する回答は、ニューラルネットワークは一般的に、多くの数の入力特徴量や複雑なパターンによる予測タスクに使われる、ということです。特に、コンピュータには解読が難しいが人間にとってはほぼ明白な問題を解くのに適しています。1つの事例はCAPTCHA

（人間とマシンを判別するチューリングテスト；Completely Automated Public Turing test to tell Computers and Humans Apart）と呼ばれるチャレンジ／レスポンス認証です。これは、Web サイトなどのネットワーク経由の認証において、アクセス元のユーザーが本当に人間かどうかを判別するものです。もう 1 つの事例は、歩行者が車道に立ち入りそうかどうかの識別です。両方の事例において、重要なのは迅速かつ正確に予測を行うことであり、特定の変数や出力に関する関係性の解析ではありません。

ニューラルネットワークの構築
　典型的なニューラルネットワークは、**入力層、隠れ層、出力層**から構成されます。データは最初に入力層で受信され、特徴量が検知されます。隠れ層が次に入力特徴量の分析や処理を行い、最終的な結果は出力層で表示されます。

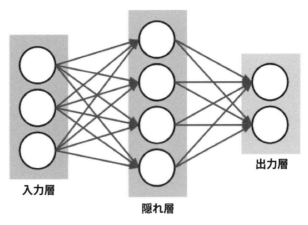

図 47　ニューラルネットワークの一般的な 3 つの層

　中間の層は、「隠れている」と見なされます。なぜなら、人間の視覚のように、このような入力層と出力層の間でわれわれに見えないような形で処理を行うからです。正方形の形の 4 つの線を見たとき、私たちの目は瞬時にこれらの 4 つの線を正方形と認識します。そのとき私たちは、4 つの

106

線から成る折れ線（入力）を正方形（出力）として処理することに関する心理的処理について気付くこともありません。

　ニューラルネットワークにおいて、データはそれぞれの層にて処理され、最終的な出力が生成されます。ネットワークの隠れ層が多いほど、複雑なパターンを分析するための処理能力は高まっていきます。深い（deep）層を持つモデルは、深く優れた処理性能を持ち、**ディープラーニング**[1] と呼ばれます。

　ニューラルネットワークのノードを構築する技術はたくさんありますが、最も単純な方法は**順伝播型ネットワーク**（feed-forward network）です。これは信号が１つの方向のみに流れ、ネットワーク内でループ（環状化）が存在しないものです。順伝播型ネットワークの最も基本的な形式は、パーセプトロンと呼ばれるもので、1950 年代に Frank Rosenblatt 教授により考案されました。

図48　パーセプトロンニューラルネットワークの図による解説

　パーセプトロンは、入力を受信し、２値の出力を生成するような決定関数として設計されています。構造としては、１つ（以上の）入力、処理部分、１つの出力から構成されます。入力が処理部分（ニューロン）に送られ、処理された後、出力が生成されます。

　パーセプトロンは、２つの可能な出力 "0", "1" の１つを出力します。出力 "1" は活性化関数の引き金の役割を果たし、"0" はその役割を果たしません。追加の層をもつより大きなニューラルネットワークを働かせたと

---

[1]　2006 年に出版された Geoffrey Hinton et al. の論文では、ディープラーニングと名付けられた深い層を持つニューラルネットワークを用いて、手書き数字の認識を行う方法について論じています。

き、出力 "1" は出力を次の層に伝えるように構成されます。逆に "0" は
（信号を）無視し、処理のために次の層に出力を伝えないように構成され
ます。

　教師あり学習の技術としては、パーセプトロンは次の5つの段階に基づ
く予測モデルを構築します。

1）入力が処理部分に伝えられます。

2）これらの入力の値に対してパーセプトロンが重みづけ（係数）を適用
　　します。

3）パーセプトロンが推定値と実際の値の間の誤差を計算します。

4）パーセプトロンが誤差に従って重みづけ（係数）を調整します。

5）モデルの精度に満足するまでこれらの4つの段階が繰り返されます。
　　その後、訓練モデルがテストデータに適用されます。

　事例として、2つの入力から成るパーセプトロンがあるとしましょう。

　　入力1：x1=24
　　入力2：x2=16

　次にこれらの入力に対しランダムな重みづけを加え、これらの情報が処
理のためにニューロンに送られます。

図49　重み付けのパーセプトロンへの追加

　［重みづけ］
　入力1：0.5
　入力2：−1

次に、それぞれの重みづけと入力をかけ合わせます。

入力1：24 × 0.5 = 12
入力2：16 × (−1) = −16

パーセプトロンは2値出力（0か1）を生成しますが、活性化関数を設定する方法はたくさんあります。たとえば、活性化関数を≥0に設定することもできます。この設定は、もし合計が正の数や0に等しければ出力を1とすることを意味します。一方で、もし合計が負の値ならば、出力は0になります。

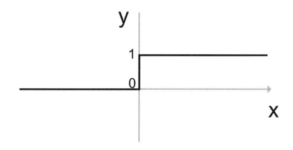

図50　xが負のときに出力（y）が0、xが正のときに出力（y）が1となるような
　　　活性化関数

したがって、
入力1：24 × 0.5 = 12
入力2：16 × (−1.0) = −16
合計(Σ)：12 +(−16) = −4

出力された数値が0より小さいため、結果は "0" となり、パーセプトロンの活性化関数が情報を伝達する引き金とはなりません。このエラーを正すため、パーセプトロンは重みづけを調整する必要があります。

［調整のため、更新された重みづけ］
入力1：24 × 0.5 = 12
入力2：16 × (-0.5) = -8
合計（Σ）：12 +(-8) = 4

　出力が正だったため、パーセプトロンは "1" を生成し、活性化関数の引き金となります。そして、より広範なネットワークの場合、この処理は次の層への引き金ともなります。

　この例では活性化関数は引き金となるしきい値は0以上でした。しかし、活性化を行うしきい値を異なるルールにすることもできます。たとえば以下のようなものです。

$$x > 3, \quad y = 1$$
$$x \le 3, \quad y = 0$$

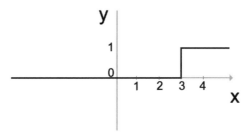

図51　x が3以下のときに出力（y）が0、x が3以上のときに出力（y）が1となるような活性化関数

　パーセプトロンの弱点は、出力が2値（0か1）であるため、大きなニューラルネットワーク全体の中にある1つのパーセプトロンに対する重みづけや偏りに関する小さな変化が、極端な2つの結果（のどちらか）を与えることがあるということです。2極化のどちらに振れるかにより、ネットワークの中で劇的な変化を導き出し、それに基づいて最終的に極端な出力をはじき出す、ということがありうるのです。その結果として、新しいデータに精密に対応するようなモデルの訓練は難しくなります。

　パーセプトロンに対するもう1つの選択肢は、シグモイドニューロンで

す。(7章の初めのシグモイド関数も参照ください。) シグモイドニューロンはパーセプトロンと似ていますが、シグモイドニューロンは出力により2値の分別を行うだけでなく、0から1の間の任意の値を出力することができます。このような拡張により、出力が2値だけでなくなったため、全く逆の結果を与えるようなことを行わずに、末端の重みの小さな変化を柔軟に吸収することが可能になりました。言い換えると、末端の重みづけや入力値に対する小さな変化で出力が極端な結果をはじき出すことを防げるようになりました。

シグモイドニューロンはパーセプトロンよりも柔軟性の高いものですが、この関数は負の値を生成することができません。そこで、3つ目の選択肢は双曲線正接関数です。

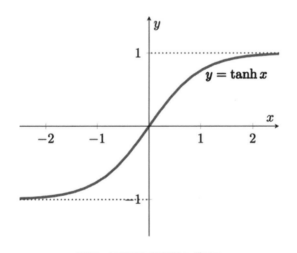

図52 双曲線正接関数のグラフ

ここまでで、基本的なニューラルネットワークについて議論してきました。より発展的なニューラルネットワークを開発するためには、シグモイドニューロンと他の分類器を結び付けることになります。これは、より多くの層を持つネットワークを生成したり、多層パーセプトロンを形成するために多重パーセプトロンを結合させることが目的となります。

多層パーセプトロン

　多層パーセプトロン（multilayer perceptron；MLP）は、ほかの人工ニューラルネットワーク技術と同様に、カテゴリカル（分類）ターゲット変数や連続（回帰）ターゲット変数を予測するためのアルゴリズムです。多層パーセプトロンは、図53の分類モデルで示されるように、多重モデルを結合された予測モデルに集約させるため、とても強力なものです。

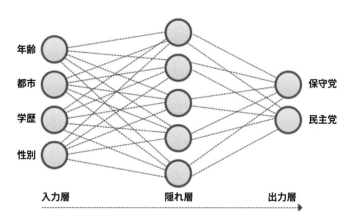

図53　多層パーセプトロンがソーシャルメディアのユーザーの政治的志向を分類するために用いられている例

　この例においては、多層パーセプトロンモデルは3つの層に分割されています。入力層は4つのノード（年齢、都市、学歴、性別）から構成され、ソーシャルメディアのユーザーの政治的志向を予測するために使われる入力特徴量を示しています。次に関数がそれぞれの入力に適用され、中間層や隠れ層と呼ばれる新しいノード層を生成します。隠れ層の中のそれぞれのノードは（たとえばシグモイド関数のような）関数を表していますが、これにはそれぞれ独立した重みづけや超母数が含まれます。つまり、それぞれの入力変数は、5つの異なる関数にそれぞれつながっているのです。同時に、隠れ層のノードは4つの特徴量すべてにつながっています。

　このモデルの最終的な出力層は2つの離散的な結果で構成されます。つまり、保守党か民主党で、サンプルのユーザーの政治的志向を分類しま

す。ここで各層のノードの数は入力特徴量やターゲット変数の数に応じて大きくなっていくことに留意してください。

　一般的に、多層パーセプトロンは、処理時間や計算上の制約なしで、膨大で複雑なデータセットを解釈するためには理想的なものです。たとえば、決定木やロジスティック回帰のようなあまり計算技術に特化しないアルゴリズムは、小さなデータセットに対してはより効果的です。超母数の数が多いため、多層パーセプトロンは他のアルゴリズムに比べて、調整を行うためにより多くの時間や負荷がかかります。処理時間の点においては、多層パーセプトロンは、ロジスティック回帰のような層の浅い学習技術の大半よりも実行に長い時間がかかりますが、サポートベクターマシンよりは一般的には早い実行速度を示します。

ディープラーニング

　あまり複雑なパターンを分析しない場合、基本的な多層パーセプトロンや、ロジスティック回帰、k-最近傍法のような代替の分類アルゴリズムを使うことができます。ところが、データ内のパターンがより複雑になった場合、特に画像ピクセルのような入力数が非常に大きいモデルの形成においては、入力数が増えるにつれてモデルの複雑性は指数関数的に上がっていき、層の浅いモデルでは分析が難しくなります。一方で、ニューラルネットワークは、層の数が深い場合、大量の入力特徴量を解釈し、複雑なパターンをより単純なパターンに落とし込むために使うことができます。図54に概要を示します。

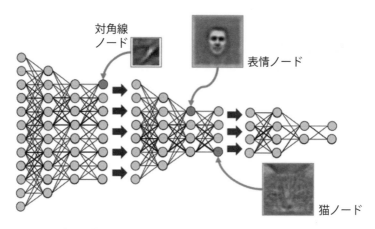

対角線
ノード

表情ノード

猫ノード

図 54　ディープラーニングを使った表情認識（引用元：kdnuggets.com）

　このディープニューラルネットワークでは、顔の認識を行うため、たとえば斜線（対角線）のような、さまざまな物理的特徴を検知します。建築ブロックのように、ネットワークはノードの処理結果を結び付け、入力情報を人の顔か猫の顔かのような単純な分け方で分類し、次に個人の特徴を認識する応用的な分類をおこないます。これがディープラーニングと呼ばれるものです。ディープラーニングの"深い（ディープ）"は最低でも5－10のノード層が積み重なっていることを意味します。

　自動走行自動車では、歩行者や他の車両といった物体を認識するために150を超える層が用いられており、ディープラーニングの有名な適用例です。ディープラーニングのほかの適用例としては、時系列分析、スピーチ認識の分析、テキスト処理分析（感情分析、固有表現抽出など）です。通常ディープラーニング技術と結びつけられる利用方法を表13に示します。

	回帰型ネットワーク	再帰的ニューラルテンソルネットワーク	ディープビリーフネットワーク	畳み込みニューラルネットワーク	多層パーセプトロン（MLP）
テキスト処理	✓	✓		✓	
画像認識			✓	✓	
物体認識		✓		✓	
スピーチ認識	✓				
時系列分析	✓				
分類			✓	✓	✓

表 13　ディープラーニング技術と結びついた一般的な利用法

　この表からわかるように、多層パーセプトロン（multilayer perceptrons；MLP）は、畳み込みニューラルネットワーク、回帰型ネットワーク、ディープビリーフネットワーク、再帰的ニューラルテンソルネットワーク（recursive neural tensor networks；RNTN）といった新しいディープラーニング技術によって置き換わっています。これらのより発展的な形式のニューラルネットワークは、現在流行している多くの実際的事例に効果的に利用することができます。畳み込みニューラルネットワークは非常に有名で強力なディープラーニング技術ですが、新しい方法や応用事例は継続的に進化を遂げています。

章末問題

　多層パーセプトロンを用い、自然災害の被害を受け救出されたペンギンの性別を分類するモデルを作ります。ここで、モデルの訓練に用いることができるのは身体的属性のみとしましょう。このデータセットは334行から構成されることに留意してください。

	種	島名	くちばしの長さ(mm)	くちばしの縦幅(mm)	羽の長さ(mm)	体重(g)	性別
0	アデリー	トージャーセン島	39.1	18.7	181.0	3750.0	オス
1	アデリー	トージャーセン島	39.5	17.4	186.0	3800.0	メス
2	アデリー	トージャーセン島	40.3	18.0	195.0	3250.0	メス
3	アデリー	トージャーセン島	NaN	NaN	NaN	NaN	NaN
4	アデリー	トージャーセン島	36.7	19.3	193.0	3450.0	メス
5	アデリー	トージャーセン島	39.3	20.6	190.0	3650.0	オス
6	アデリー	トージャーセン島	38.9	17.8	181.0	3625.0	メス
7	アデリー	トージャーセン島	39.2	19.6	195.0	4675.0	オス
8	アデリー	トージャーセン島	34.1	18.1	193.0	3475.0	NaN
9	アデリー	トージャーセン島	42.0	20.2	190.0	4250.0	NaN

1）従属変数である性別を予測するために、多層パーセプトロンはいくつの出力ノードを必要としますか。

2）ペンギンの身体的属性を基にすると、上の表の7つの変数のうち、どれを独立変数として用いることができますか。

3) 多層パーセプトロンの代わりに用いることのできる、より透明性の高いアルゴリズムはどれでしょうか。

    A   単回帰

    B   ロジスティック回帰

    C   k-平均法クラスタリング

    D   多重回帰

13 決定木

　一部の専門家は、ニューラルネットワーク（ANN）を、機械学習の他の技術よりも広範囲の問題を解決できる、究極の機械学習のアルゴリズムであると評価しています。しかし ANN の手法が非常に適しているケースがある一方で、これがつねに決定的な特効薬のアルゴリズムだというわけではありません。特定のケースでは、ニューラルネットワークでは不適切で、**決定木**（デシジョンツリー）が効果的な手法としてよく知られています。

　ニューラルネットワークを使って学習させるのに必要となる膨大な量の入力データと計算機リソースは、この手法を使用して問題を解決する際の、最初の障害となります。Google の画像認識エンジンなどのニューラルネットワークベースのアプリケーションには、単純なオブジェクト（犬など）の分類を認識するためのタグ付けされた数百万の例が必須となっています。そして、あらゆる組織がそのような大規模なモデルを作るためのリソースを持っているわけではありません。さらに、ニューラルネットワークのもう1つの主な欠点は、モデルの決定構造を隠しているというブラックボックスのジレンマです。

　一方、決定木は、見える化されているので解釈がしやすく、また、はるかに少ないデータで動作し、計算機リソースの消費も少なくて済みます。このような利点から、この教師あり学習手法は、よりシンプルな分析のための、ニューラルネットワークに替わる一般的な手段となっています。

　決定木は、主に分類問題を解決するために使用されますが、数値結果を予測する回帰モデルとしても使われます。分類ツリーは、入力した数値変数と**カテゴリ変数**を使用してカテゴリ結果を予測し、一方、回帰ツリーは、入力した数値変数とカテゴリ変数を使用して数値結果を予測します。決定木は、奨学金受領者の選抜、e コマースの売上予測、求人での採用など、幅広いケースに適用できます。

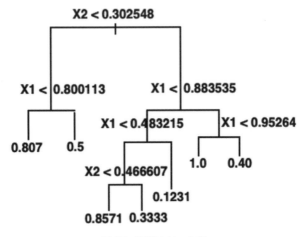

図 55　回帰ツリーの例

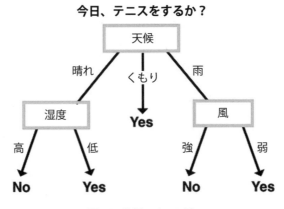

図 56　分類ツリーの例

　決定木の魅力の１つは、グラフィカルに表示できることで、専門家でない人たちにも説明しやすいということです。たとえば、顧客から住宅ローンを受けられない理由を問われた場合、決定木を提示して、決定のプロセスを説明することができます。もしブラックボックスの技術を使っている場合には、説明することは不可能となるでしょう。

決定木の作り方

　決定木は、開始点である**根ノード**（根節点）で始まり、その後に**分岐**（エッジとも呼ばれる）を生成して分かれていきます。分かれた**枝**は、**葉ノード**と呼ばれる点につながります。このプロセスは、それぞれの葉ノードに分けられたデータを使って繰り返されます。最終的な分類は、葉がもはや新しい枝を生成せず、その結果、いわゆる末節ノードになった時に、決定されます。

　根ノードから出発し、元のデータを、たとえば「天候」という変数によって「晴れ」「くもり」「雨」などのグループに分割していきます。均質なグループに最適に分割する変数を選択することで、次の層の**データエントロピー**のレベルが最小になります。

　ここでいうエントロピーは、異なるクラス間でのデータの分散の程度を説明する数学的概念です。各層のデータを1つ前の層よりもさらに均質化することを繰り返します。それを可能とする、ツリーの各層のエントロピーを削減できる「貪欲な」アルゴリズムの1つが、J.R. クィンランによって発明された Iterative Dichotomizer（**ID3**）です。これはクィンランによって開発された3つの決定木の実装の1つです。ID3 は、次の層のエントロピーを最も小さくするような（Yes/No の2値の）変数を見つけ出し、決定木を作っていきます。

　ID3 のアルゴリズムを、次の事例で具体的に見てみましょう。

従業員数	KPI を達成したか？	リーダーシップの素養の有無	年齢は30 歳未満か？	結果
6	6	2	3	昇格
4	0	2	4	昇格できず

表 14　従業員の特性

この表では、10人の従業員に対して、3つの変数（KPIを達成したか、リーダーシップの素養の有無、30歳未満か）と1つの結果を表しています。目標は、3つの変数の評価によって、各従業員が昇格に値するかどうかを分類することです。（KPIは、Key Performance Indicatorの頭文字をとったもので、主な目標項目や数値のことです。）

変数1　KPIを達成したか？

・Yes：KPIを達成した従業員は6人

　　　── 6人全員が昇格した。

・No：KPIを達成しなかった従業員は4人

　　　── 4人とも、昇格できなかった。

　この変数は、決定木により次の層にて、2つの均質なグループを生成します。

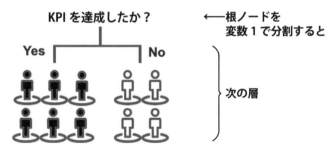

黒：昇格、白：昇格できず

変数2　リーダーシップの素養の有無

・Yes：リーダーシップの素養がある従業員は4人

　　　── 4人のうち、2人が昇格し、残る2人は昇格できなかった。

・No：リーダーシップの素養がない従業員は6人

　　　── 6人のうち、4人が昇格し、残る2人は昇格できなかった。

　この変数によって生成された2つのグループは、2つのグループとも、

「昇格」と「昇格できず」の混合となっています。

黒：昇格、白：昇格できず

変数3　年齢は30歳未満か？

・Yes：30歳未満の従業員は7人

　　──▶ 7人のうち、3人が昇格し、残る4人は昇格できなかった。

・No：30歳以上の従業員は3人

　　──▶ 3人全員が昇格した。

　この変数は、均質なグループ1つと、混合のグループ1つを生成します。

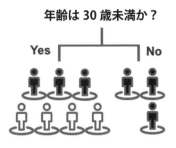

黒：昇格、白：昇格できず

この３つの変数の中で、変数１（KPIを達成したか？）では、２つの完全に均質なグループに分割されています。変数３（年齢は30歳未満か？）は、１つの均質なグループを生成しており、２番目に望ましい分割となっています。変数２（リーダーシップの素養の有無）では、２つのグループとも、「昇格」と「昇格せず」の混合となっています。この結果より、まず初めは変数１を用いて、このデータセットを２分割すればよいことがわかります。

　データを分割するこのプロセスは、所定の条件を満たすまで繰り返され、再帰分割と呼ばれています。分割が終わる条件としては、たとえば次のようなものがあります。

・すべての葉ノードが３個（あるいは４、５個）の要素以下となる。
・２分割された葉ノードの片方に、すべての要素が入っている。

エントロピーの計算

　この節では、最小のエントロピーを生成する変数を見つけるための数学的計算を見てみましょう。

　前述のように、決定木を構築するには、まず根ノードとして変数を設定し、その変数が、たとえば「Yes」「No」のような結果のでる新しい決定ノードへの分岐を割り当てました。次に、２番目の変数を選択して、変数をさらに分割して、新しい分岐と決定ノードを作ります。

　ノードは同じクラスの**インスタンス**（プログラムの実例として扱われる対象データ）をできるだけ多く収集するようにし、情報値と呼ばれているエントロピーに基づいて、各変数を意識的に選択する必要があります。ビットと呼ばれる単位で測定（２を底とする対数式を使用）すると、エントロピーは、各ノードで見つかったインスタンスの構成に基づいて計算されます。

　対数を用いた次の計算式により、０と１の間のビットで表される、各変数のエントロピーを計算してみましょう。

$$(- p_1 \log p_1 - p_2 \log p_2) / \log 2$$

　対数は、Googleの電卓などを使って計算してください。

変数1：

KPI を達成したか？

Yes：$p_1 = 6/6$,　$p_2 = 0/6$
No 　：$p_1 = 4/4$,　$p_2 = 0/4$

Step 1：計算式「$(- p_1 \log p_1 - p_2 \log p_2) / \log 2$」により、各ノードのエントロピーを計算する。

Yes：$(- (6/6) \times \log(6/6) - (0/6) \times \log(0/6)) / \log 2 = 0$
No 　：$(- (4/4) \times \log(4/4) - (0/4) \times \log(0/4)) / \log 2 = 0$

Step 2：全部のデータ（従業員 10 人分）について、2 つのノードのエントロピーを統合する。

$(6/10) \times 0 + (4/10) \times 0 = 0$

変数2：

**リーダーシップの
素養の有無**

Yes：$p_1 = 2/4$,　$p_2 = 2/4$
No 　：$p_1 = 4/6$,　$p_2 = 2/6$

Step 1：各ノードのエントロピーを計算する。

Yes：$(- (2/4) \times \log(2/4) - (2/4) \times \log(2/4)) \, / \, \log 2 = 1$

No　：$(- (4/6) \times \log(4/6) - (2/6) \times \log(2/6)) \, / \, \log 2$
　　　　$= 0.91829583405$

Step 2：2つのノードのエントロピーを統合する。

$(4/10) \times 1 + (6/10) \times 0.918 = 0.4 + 0.5508 = 0.9508$

変数3：　　　　　　　　**年齢は 30 歳未満か？**

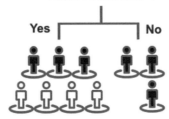

Yes：$p_1 = 3/7$,　$p_2 = 4/7$
No　：$p_1 = 3/3$,　$p_2 = 0/3$

Step 1：各ノードのエントロピーを計算する。

Yes：$(- (3/7) \times \log(3/7) - (4/7) \times \log(4/7)) \, / \, \log 2$
　　　　$= 0.98522813603$

No　：$(- (3/3) \times \log(3/3) - (0/3) \times \log(0/3)) \, / \, \log 2 = 0$

Step 2：2つのノードのエントロピーを統合する。

$(7/10) \times 0.985 + (3/10) \times 0 = 0.6895 + 0 = 0.6895$

結果

変数1「KPI を達成したか？」：0 bits
変数2「リーダーシップの素養の有無」：0.9508 bits
変数3「年齢は 30 歳未満か？」：0.6895 bits

計算の結果、変数「KPIを達成したか？」は完全な分類となることがわかりました。これは、この変数でのテストを行ったら、それ以上ツリーをさらに進める必要がないことを意味します。次に有望となるインスタンス分割の変数は、0.6895を示している「年齢は30歳未満か？」です。「リーダーシップの素養の有無」は0.9508ビットでエントロピーのレベルが最も高く、情報はほとんど得られません。実際には、さまざまな分割の前にデータのエントロピーを計算します。

Promoted 6/10,　Not Promoted 4/10

$(-(6/10) \times \log(6/10) - (4/10) \times \log(4/10)) / \log 2 = 0.971$

$0.971 - 0.9508 = 0.0202$

　このように、リーダーシップ能力の変数によってデータセットの元のエントロピーを差し引くと、全体的な情報獲得はわずか0.0202ビットになります。

過学習

　決定木についての重要な警告として、訓練データによってモデルに過学習の影響を与えやすいことがあげられます。訓練データから抽出されたパターンに基づいた決定木は、最初のデータの分析とデコード（解読）が正確となります。ただし、同じ決定木はテストデータの分類に失敗する可能性があります。というのも、訓練データにないルールが存在したり、学習データやテストデータの分割がすべてのデータセットからの表現となっていない可能性があるためです。また、決定木はデータポイントを繰り返し分割することで形成されるため、データがツリーの上部または中央で分割される方法に少しでも変更があると、最終的な予測を劇的に変更し、完全に異なるツリーを生成する可能性があるからです。

　この場合、その原因となるのは、計算を完遂する greedy（**貪欲な**）**アルゴリズム**です。

　データの最初の分割から始めて、貪欲なアルゴリズムはデータを同種のグループに分割する最適な変数を選択します。カップケーキの箱の前に座っている少年のように貪欲なアルゴリズムは、その短期的なアクションの将来への影響に気づいていません。つまり、最初にデータを分割するため

に使用される変数は、最終的に最も正確なモデルを保証するとは限りません。むしろ、ツリーの最上部での分割の非効率な方が、より正確なモデルをつくることもあります。

このように決定木は、単一のデータセットを分類するには非常に視覚的で効果的ですが、特に重要なパターンの変動があるデータセットの場合には、柔軟性に欠け、過剰に適合してしまうという脆弱性があります。

バギング

再帰分割を進めるにあたり、最も効率的な分割を目指すというのではなく、別の手法として、複数のツリーを作成し、それらの予測を組み合わせるというものがあります。この手法で一般的なものは**バギング**です（Bagging; Bootstrap Aggregating）。これは、各ツリーの入力データをランダムに選択し、出力の平均化した結果（回帰の場合）や、多数決の結果（分類の場合）により予測値を出す手法です。

バギングの主な特徴は、**ブートストラップサンプリング**です。独自の洞察を生み出すためには、5個または10個の同じモデルをコンパイルしても意味がありません。いくつかの変数や、各モデルをとおしてランダム性の要素が必要です。

ブートストラップサンプリングは、各ラウンドでデータのランダムな変数を抽出することにより、この問題を解決します。バギングの場合、訓練データのさまざまなバリエーションが実行されます。これにより過学習の問題を避けることはできませんが、データセットを支配するパターンは、より多くの「分岐となるノード」や、最終の分類や最終予測に出現します。その結果、バギングは異常値を対処したり、単一の決定木で通常に見られる差異の度合いを下げるために効果的なアルゴリズムとなります。

ランダムフォレスト

バギングに密接に関連する手法は、**ランダムフォレスト**です。前述の手法では、複数のツリーを作り、ブートストラップサンプリングを利用して、データをランダムに使いました。それに対し、ランダムフォレストは各分割での変数の数について人工的に制限します。言い換えると、アルゴリズムは各分割におけるn個の変数すべてを考慮しないということです。

バギングの場合、エントロピーを減らすために、決定木の早い段階で同じ変数を使用するため、決定木はよく似てしまいます。したがって木々の予測は高度に相関しており、全体的な分散という点で単一の決定木に近くなります。

　ランダムフォレストは、限定された変数のみを考えて各分割を強制的に行うことにより、この問題を回避します。そして、選択の可能性がひろがり、一意で相関のないツリーを平均することにより、最終決定構造は変動が少なく、信頼性が高いことがよくあります。モデルが実際に可能な変数よりも少ないサブセットを使って訓練すると、ランダムフォレストは、弱い教師あり学習とみなされます。

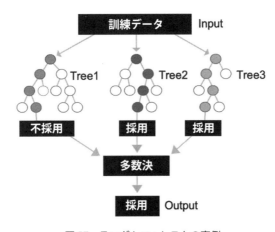

図57　ランダムフォレストの事例

　一般に、ランダムフォレストは、異常値の影響の可能性を遠ざけるため、多数の木（たとえば100以上）を使用しますが、より新しい木を追加するほど有効率は低下します。レベルによっては、新しい木の追加が、そのモデルに対してそれほどの改善をもたらさないかもしれませんし、モデルの処理時間を延長することにもなります。それはデータセット次第ですが、決定木を開始する推奨数は、100〜150個となります。

　著者とデータ専門家のスコット・ハーツホーンは、初期モデルにツリー

を追加する前に、他の超母数（ハイパーパラメータ）を最適化することに焦点を当てることをアドバイスしています。短期的に処理時間を短縮しますし、後で木の数を増やす時に、少なくともいくつかのメリットが得られるからです[1]。

　ランダムフォレストは用途が広く、複雑なデータパターンの解釈に適していますが、勾配ブースティングを含む他の手法は、より優れた予測パフォーマンスを出す傾向があります。ただし、ランダムフォレストは、ベンチマークモデルを迅速に取得する必要性がある場合に、高速に学習し、うまく機能します。

ブースティング

　ブースティングは、大規模な数の決定木を扱うもう１つのアルゴリズム群です。ブースティングアルゴリズムの重点は、「弱い」モデルを１つの「強い」モデルに結合するところにあります。「弱い」という言葉は、初期モデルが予測としては貧弱であり、ランダムな推測よりは優れているという意味です。一方「強い」モデルは、真のターゲット出力が信頼できる予測と見なされます。

　弱い学習から強い学習を開発するという概念は、前のツリーで誤って分類されたケースに基づいてツリーの重みを加えていくということです。これは、教室で、先生が最近の試験で成績が悪かった学生に対して、追加の個別指導を提供することによってクラスの成績を向上させるようなものです。

　最も一般的なブースティングアルゴリズムの１つは、**勾配ブースティング**です。変数の組み合わせをランダムに選択するのに比べて、勾配ブースティングは、新しいツリーごとに予測精度を向上する変数を選択します。その結果として、各ツリーはそれぞれ独自というわけではなく、前のツリーから派生した情報を使用して作成されるため、順次成長していきます。訓練データで発生した間違いは記録され、訓練データの次のラウンドに適用されます。各反復で、前の反復の結果に基づきトレーニングデータの重

---

[1]　Scott Hartshorn, "Machine Learning With Random Forests And Decision Trees: A Visual Guide For Beginners," *Scott Hartshorn*, 2016.

みが追加されます。重要な重み付けは、訓練データから誤って予測された
インスタンスに適用され、正しく予測されたインスタンスは、そのままと
なります。

　うまく機能しない場合では、おそらく誤って分類されたデータによって
それ以前になされた反復であり、以降の反復で改善されるはずです。この
プロセスは、エラーのレベルが低くなるまで繰り返されます。最終結果
は、各決定木から出てくる予測の合計の加重平均から取得されます。

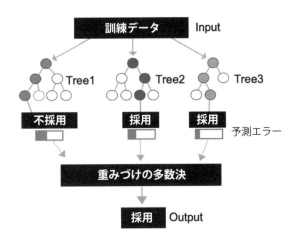

図58　複数のツリーを用いて予測エラーを減らす事例

　またブースティングは、過学習の問題も軽減し、ランダムフォレストよ
りも使用するツリーの数が少なくなります。ランダムフォレストにさらに
木を追加すると、通常は過学習を補うことに役立ちますが、ブースティン
グの場合、同じプロセスが過学習を引き起こす可能性があり、新しい木が
追加するときには注意が必要です。

　過学習を起こしやすいというブースティングのアルゴリズムの傾向は、
早い段階での間違いからの学習と繰り返しの高度は調整によって説明する
ことができます。これは通常、より正確な予測——ほとんどのアルゴリズ
ムの予測よりも優れている——に変換されますが、多数の異常値によって
データが引き伸ばされる場合、結果が混合する可能性があります。

一般に、機械学習モデルは異常値のケースに近くならないようにするべきですが、ブースティングアルゴリズムは、学習中に常に観察されたり独立で発生するエラーに反応したりするため、難しいといえます。多数の異常値をもつ複雑なデータセットの場合には、ランダムフォレストが、ブースティングよりも好ましい代替アプローチとなる場合があります。

　ブースティングのもう１つの主な欠点は、順次決定の学習モデルであるため、処理速度が遅いことです。ツリーが順番に訓練されると、各ツリーは前のツリーを待つ必要があるため、特に新しいモデルを追加するときなど、モデルの作成のスケーラビリティが制限されることになります。一方、ランダムフォレストは、並列処理なのでトレーニングが速くなります。

　欠点の最後は、ブースティングだけでなく、ランダムフォレストとバギングにも当てはまりますが、見た目のシンプルさと、単一の決定木に表わされる解釈の容易さが失なわれることです。何百もの決定木がある場合、全体的な意思決定構造を視覚化して解釈することは、明らかに難しくなります。

　ただし、ブースティングモデルと一貫したパターンをもつデータセットをトレーニングする時間とリソースがある場合、最終モデルは非常に価値があるものとなります。訓練された意思決定モデルからの予測は、ひとたび展開されると、このアルゴリズムを使って迅速かつ正確に生成できます。ディープラーニング以外では、ブースティングが、今日の機械学習のアルゴリズムの中で、最も人気のあるものの１つです。

章末問題

　ペンギンのデータセットとランダムフォレストの回帰アルゴリズムを使って、ペンギンの体重を予測してみましょう。

	種	島名	くちばしの 長さ(mm)	くちばしの 縦幅(mm)	羽の長さ (mm)	体重 (g)	性別
0	アデリー	トージャーセン島	39.1	18.7	181.0	3750.0	オス
1	アデリー	トージャーセン島	39.5	17.4	186.0	3800.0	メス
2	アデリー	トージャーセン島	40.3	18.0	195.0	3250.0	メス
3	アデリー	トージャーセン島	NaN	NaN	NaN	NaN	NaN
4	アデリー	トージャーセン島	36.7	19.3	193.0	3450.0	メス
5	アデリー	トージャーセン島	39.3	20.6	190.0	3650.0	オス
6	アデリー	トージャーセン島	38.9	17.8	181.0	3625.0	メス
7	アデリー	トージャーセン島	39.2	19.6	195.0	4675.0	オス
8	アデリー	トージャーセン島	34.1	18.1	193.0	3475.0	NaN
9	アデリー	トージャーセン島	42.0	20.2	190.0	4250.0	NaN

1) ペンギンの体重を予測するため、独立変数としてどの変数をモデルに
　　対して学習させることができますか。

2) 「ベンチマークのモデルを速く学習させたい場合、勾配ブースティング
　　は、ランダムフォレストよりも速く学習させることができます。」
　　この考えは正しいですか、正しくないですか。

3) 簡単に見える化のできる、ツリー構造の技術はどれですか。
　　　A　決定木
　　　B　勾配ブースティング
　　　C　ランダムフォレスト

14 アンサンブル学習

　重要な決定を行う際は、一般的に、一人の意見や声を聴くのではなく、複数の意見を参考にします。同様に、1つのモデルではなく複数のアルゴリズムを検討して試行し、データに最適なモデルを見つけることが重要です。高度な機械学習では、**アンサンブル学習**と呼ばれる手法を使って、モデルを組み合わせるということも有利となります。この手法は出力を統合して、統一された予測モデルをつくります。

　アンサンブル学習は、1つの予測数値に固執するのではなく、異なるモデルの出力を組み合わせることによって、データの意味の一致を見つけ出すのに役立ちます。集計された予測数値は、一般的に、1つだけの手法よりも正確です。ただし、アンサンブル学習では、同じエラーを誤って処理をしないよう、ある程度の変動を表示することが重要になっています。

　分類の場合、頻度に応じた投票システム[1] を、また回帰問題[2] [3] の場合は数値平均を使って、複数のモデルを一つの予測に統一します。アンサンブル学習は、シーケンシャル（順次）またはパラレル（並列）に、そして、同種または異種に分けられます。

　まず、シーケンシャルモデルとパラレルモデルからみてみましょう。シーケンシャルモデルの場合、モデルの予測誤差は、それまでに誤って分類したデータの分類器に重みを追加して改善されます。勾配ブースティングと AdaBoost（分類問題用に作られている）はシーケンシャル（順次）モデルの例です。逆に、パラレルモデルは、同時に作業し、平均化することでエラーを減らします。ランダムフォレストはこのテクニックの一例です。

---

[1] 多数決によって作られた分類が最終の結果となります。
[2] 一般的に、考察する際の多数決や数値が多いほど最終予測値は正確になります。
[3] 回帰問題は、完全な分類をするというよりも住宅の価格のような数値の予測を求める用途に使います。

アンサンブル学習は、同種アンサンブルとして知られている多数のバリエーションを使う一つの手法や、異種混合アンサンブルとして知られている異なる複数の手法により構成されています。**同種アンサンブル学習**の一例では、単一の予測（たとえば、バギング）を作るために複数の決定木が使われます。一方、**異種混合アンサンブル学習**の例は、決定木アルゴリズムと連携したk-平均クラスタリングまたはニューラルネットワークの活用となります。

　当然ながら、互いに補完し合う手法を選択することが重要です。たとえばニューラルネットワークは、分析には完全なデータが必要ですが、決定木は欠損値の処理[4]に強いものとなっています。これら2つの手法を組み合わせると、均質モデルに付加価値が加わります。ニューラルネットワークは、値が提供されているインスタンスの大部分を正確に予測しますし、決定木は、欠損値があったとしても「ヌル」（数値が何も存在していない）の結果とはなりません。

　アンサンブル学習は、ほとんどのケースにおいて1つのみのアルゴリズムよりも良いパフォーマンスを上げます[5]が、モデルの複雑さと洗練さの度合いは、潜在的な欠点になりえます。単一の決定木に比べ、ランダムフォレスト、バギング、ブースティングなどのツリーの集まりは、正確性と引きかえに非常に複雑化しており、透明性や解釈のしやすさにおいてトレードオフの関係となります。アンサンブル学習についても、同じことが言えます。アンサンブル学習のパフォーマンスは、ほとんどのケースではうまくいくことになりますが、解釈のしやすさを、アルゴリズムを選択する際に優先する場合もあります。

　適切なアンサンブル学習の選択には、4つの主要な手法：バギング、ブースティング、モデルのバケット、スタッキングがあります。

　異種混合アンサンブル手法として、モデルのバケットは同じ訓練データを使用して複数のアルゴリズムモデルで訓練し、テストデータで最も正確に実行したモデルを選択するというものです。

---

[4]　決定木は欠損値を他の変数として扱います。たとえば天気予報では、データを晴れ、くもり、雨、不明に分類することができます。

[5]　Ian H. Witten, Eibe Frank, Mark A. Hall, "Data Mining: Practical Machine Learning Tools and Techniques," *Morgan Kaufmann*, Third Edition, 2011.

バギングは、前章で学んだように、同種アンサンブルを使用した並列モデル平均化の例です。ランダムにデータを利用し、予測を組み合わせて統一モデルを設計します。

　ブースティングは、均質なアンサンブルで知られている手法ですが、シーケンシャルモデルをつくるために前の反復で誤って分類されたエラーとデータに対処することになります。勾配ブースティングと AdaBoost は両方ともブースティングの例です。

　スタッキングは、データに対して複数のモデルを同時に実行し、それらの結果を組み合わせて最終的なモデルを作成します。ブースティングやバギングとは異なり、スタッキングは通常、1つのアルゴリズム（同種）の超母数（ハイパーパラメータ）を変更するのではなく、異なるアルゴリズム（異種）からの出力を組み合わせます。

　また、スタッキングは、平均化または投票により各モデルに同等の信頼性を与えるのではなく、パフォーマンスの高いモデルに重点を置きます。これは、重み付けシステムを使用したベースレベル（レベル0）でのモデルのエラーレートを平滑化することによって達成されます。これらは、それらの出力をレベル1モデルに押し出し、最終的な予測のために結合および統合する前に行われます。

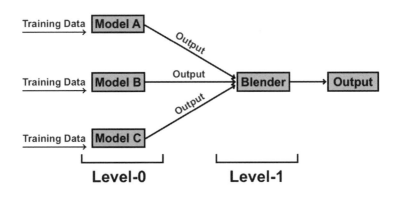

図59　スタッキングのアルゴリズム

スタッキングは業界で使用されることもありますが、この手法を使用するメリットはその複雑さのレベルに比べてわずかであり、業界組織は通常ブースティングまたはバギングの容易さと効率を選択します。ただし、スタッキングは、Kaggle チャレンジや Netflix などの機械学習コンテストには必須の技術です。

　2006 年から 2009 年の間に開催された Netflix コンテストでは、Netflix のコンテンツレコメンダーシステムを大幅に改善できる機械学習モデルシステムが勝利しました。チーム BellKor Pragmatic Chaos による勝利技術の 1 つは、異なるアルゴリズムを使用する数百もの異なるモデルの予測をブレンドした線形スタッキングの形式を採用したものです。

15 Pythonによるモデル構築

前章までで、機械学習モデル全体の設計を行う準備ができました。

ここでは演習として、以下の6つの手順を通し、勾配ブースティングを用いた住宅価格の評価システムを設計してみます。

1) ライブラリのインポート
2) データセットのインポート
3) データセットの整理（スクラブ）
4) データの訓練データ、テストデータへの分割
5) アルゴリズムの選択と超母数の設定
6) 結果の評価

1) ライブラリのインポート

モデルを構築するためには、最初にPandasとScikit-learnのいくつかの関数をインポートする必要があります。これらの関数には勾配ブースティング（アンサンブル）や平均絶対誤差など性能を評価するためのものが含まれます。

Jupyter Notebookに以下のコマンドを正確に打ち込み、次のライブラリをインポートしてください。

```
#Import libraries
import pandas as pd
from sklearn.model_selection import train_test_split
from sklearn import ensemble
from sklearn.metrics import mean_absolute_error
```

もし、このコード部分で示されている Scikit-learn ライブラリの中に分からないものがあっても心配しないでください。これらはあとの手順で説明されます。

2) データセットのインポート

Melbourne Housing Market データセットを Pandas データフレームに読み込むために（前章で行ったように）**pd.read_csv** コマンドを使います。

```
df = pd.read_csv('~/Downloads/Melbourne_housing_FULL.csv')
```

データセット内の物件の価格はオーストラリアドルで表記されていることに留意してください。1 オーストラリアドルは 0.77 米ドルに相当します（2017 年現在）。

特徴量	データ型	連続／離散
Suburb	String（文字型）	離散
Address	String（文字型）	離散
Rooms	Integer（整数型）	連続
Type	String（文字型）	離散
Price	Integer（整数型）	連続
Method	String（文字型）	離散
SellerG (seller's name)	String（文字型）	離散
Date	TimeDate（日付型）	離散
Distance	Floating-point（浮動小数点数型）	連続
Postcode	Integer（整数型）	離散
Bedroom2	Integer（整数型）	連続
Bathroom	Integer（整数型）	連続
Car	Integer（整数型）	連続
Landsize	Integer（整数型）	連続
BuildingArea	Integer（整数型）	連続
YearBuilt	TimeDate（日付型）	離散
CouncilArea	String（文字型）	離散
Lattitude	String（文字型）	離散
Longtitude	String（文字型）	離散
Regionname	String（文字型）	離散
Propertycount (in that suburb)	Integer（整数型）	連続

表 15　Melbourne housing データセットの変数

3）データセットの整理（スクラブ）

　次の段階はデータセットの整理（**スクラブ**）です。整理（スクラビング）というのは、不完全なデータ、無関係なデータ、重複しているデータを変更したり削除するなどの操作によってデータセットの精製を行う行為であることに留意してください。（4章を参照ください。）この操作にはテキストデータを数値データに変換することや特微量の再設計が含まれているときもあります。

　データ整理のいくつかの手順は、データセットを開発環境にインポートする前に行われるときがあることも、留意するべき点です。たとえば、Melbourne Housing Market データセットの作成者は、列タイトルの"経度"（Longitude）と"緯度"（Latitude）の綴を間違えています。ここで作成するモデルではこれら2つの変数を扱わないので、修正を行う必要はありません。しかし、もしこれら2つの変数をモデルに含めるのならば、元のファイル内でこの間違いを修正しておく方が賢明です。

　プログラミングの観点からは、列タイトルに含まれる綴の間違いは、コードでコマンドを実行するときに同じ綴を用いる限りは問題になりません。しかし、列の名前の間違いは人的エラーを引き起こす可能性があります。特にコードを他のチームメンバーと共有するときにはこのエラーが起こる可能性が高くなります。混乱を防ぐためには、元のファイルの中の綴間違いや他の単純な間違い（エラー）につき、データセットを Jupyter Notebook や他の開発環境にインポートする前に修正することが最良の方法です。この修正を行うためには、CSV ファイルを Microsoft Excel などで開き、データセットを編集し、CSV ファイルとして再度保存すればよいわけです。

　単純な間違いは元のファイルの中で修正できますが、変数の削除や欠損値の処理といったデータセットに対する大きな構造の変更は、操作の柔軟性の点で、将来的に再利用をすることを考え元のデータセットを保存しておく目的から、開発環境内で行われることが適切です。開発環境の中でのデータセットの構成の操作は、元のファイルを直接操作するよりも、簡単かつ素早く実装できます。

整理（スクラビング）のプロセス

　削除コマンドを用い、削除したいベクトル（列）タイトルを入力して、モデルに含みたくない列を削除してみましょう。

```
# The misspellings of "longitude" and "latitude" are
preserved here
del df['Address']
del df['Method']
del df['SellerG']
del df['Date']
del df['Postcode']
del df['Lattitude']
del df['Longtitude']
del df['Regionname']
del df['Propertycount']
```

　物件の位置の情報は他の列（地区（Suburb）や行政区域（CouncilArea））に含まれているため、住所（Address）、地域名（Regionname）、郵便番号（Postcode）、緯度（Latitude）、経度（Longitude）の列が削除されました。筆者の仮説は、地区や行政区域は、郵便番号、緯度、経度よりも買い手の興味をひくものであるということです。住所は言及には値するものですが、売却方法（Method）、不動産会社（SellerG）、地区の物件数（Propertycount）、日付（Date）は他の変数と比べ関連性が低いとみなされるため同様に削除されました。このことは、これらの変数が物件価格に影響を与えないといっているわけではありません。むしろ、初期モデルの構築には他の 11 の独立変数で十分であるといっているわけです。これらの変数のどれでも後でモデルに追加することができますし、あなた自身のモデルにこれらの変数を含めてもいいわけです。

　残った 11 の変数は、地区（Suburb）、部屋数（Rooms）、物件の類型（Type）、中心街からの距離（Distance）、ベッドルーム数（Bedroom2）、バスルーム数（Bathroom）、駐車区画数（Car）、土地面積（Landsize）、建築面積（BuildingArea）、築年数（YearBuilt）、行政区域

（CouncilArea）です。12番目の変数は従属変数である価格です。以前に述べた通り、決定木を基にしたモデル（勾配ブースティングやランダムフォレストなど）は、多くの入力変数を含む大きく高次元なデータセットを扱うのに適したものです。

　データセットの整理の次の段階は欠損値の削除です。欠損値を扱う方法は多くありますが（たとえば、空のセルにデータセットの平均値や中央値を埋めたり、欠損値を完全に削除するなどです）、この演習においては、可能な限りデータセットを単純な形で保ちたいため、欠損値を含んだ行を分析の対象としないことにします。この方法の明白な欠点は、分析の対象となるデータが減少してしまうことです。

　初心者にとっては、欠損値を扱おうとするために、（モデル構築という）複雑な作業にさらにもう一つ別の厄介事を追加する前に、完全なデータセットを取り扱う方が道理に合うでしょう。残念なことに、事例のデータセットの場合においては、多くの欠損値が存在します！　とはいえ、欠損値を含んだものを削除したとしても、モデル構築を進めるためには十分な行が存在しています。

　次の Pandas コマンドは欠損値を含んだ行を削除するために使われます。**dropna** メソッドとその引数のより詳細な情報については、表16か Pandas のドキュメントを参照してください[1]。

```
df.dropna(axis = 0, how = 'any', thresh = None, subset
= None, inplace = True)
```

---

[1]　Pandas の Dropna メソッドに関するドキュメントは以下にあります。
https://pandas.pydata.org/pandas-docs/stable/generated/pandas.DataFrame.dropna.html

パラメータ	引数	説明	デフォルト値
axis	0	欠損値のある行を削除する	✓
	1	欠損値のある列を削除する	
how	any	行または列に一つでも欠損値のあるものを削除する	✓
	all	行または列がすべて欠損しているものを削除する	
thresh	整数	行／列の削除を実行するための整数の閾値を設定する（例）"4" と設定すると4以上の欠損値が存在した場合、行または列を削除する	
	None	閾値を設定したくない場合 "None" を指定する	
subset	列（または行）タイトル	欠損値を検索する列（または行）を定義する（例）'genre'	
	None	検索対象の列（または行）タイトルを設定したくない場合 "None" を指定する	
inplace	True	True の場合、インプレイス操作[8) を行う（欠損値を削除した新しいデータフレームで置き換えるのではなく、同じデータフレーム内での更新を行う）	
	False		✓

表16　Dropna のパラメータ

　これは重要なこととして留意してほしいのですが、欠損値を含んだ行を削除するのは、前の手順で説明した、列を取り除くための削除コマンドを適用した後です。そのようにすれば、元のデータセット中のより多くの行を削除せずに残すことができます。たとえば、郵便番号のように後で削除する変数に値の欠損が生じたためにその1行全てが削除される場合を考えてみてください！

次に、One-hot エンコーディングを用いて非数値データを含んだ列を数値に変換してみましょう。Pandas では、ワンホットエンコーディングは、**pd.get_dummies** メソッドを用いて実行することができます。

```
df = pd.get_dummies(df, columns = ['Suburb',
'CouncilArea', 'Type'])
```

このコードのコマンドは、Suburb, CouncilArea, Type の列の値をワンホットエンコーディングの適用によって数値変換しています。

最後に、従属変数として y に Price を、独立変数として X に残りの 11 変数を代入します。(X への代入の際、Price は **drop** メソッドを使ってデータフレームから削除されています。)

```
X = df.drop('Price',axis=1)
y = df['Price']
```

4) データセットの分割

データを訓練向けの部分とテスト向けの部分に分割する段階に来ました。この演習では、下の Scikit-learn コマンドを呼び出し、**test_size** に "0.3" を設定することで標準的な 70/30 の分割を行い、データセットをランダムに並べ替え(シャッフル)します。

```
X_train, X_test, y_train, y_test = train_test_split(X,
y, test_size = 0.3, shuffle = True)
```

5) アルゴリズムの選択と超母数の設定

次に、新しい変数 **model** に、選択したアルゴリズム(勾配ブースティング回帰)を代入し、下で示されているように超母数を設定する必要があります。

```
model = ensemble.GradientBoostingRegressor(
    n_estimators = 150,
```

```
    learning_rate = 0.1,
    max_depth = 30,
    min_samples_split = 4,
    min_samples_leaf = 6,
    max_features = 0.6,
    loss = 'huber'
)
```

　最初の行はアルゴリズムそのもの（勾配ブースティング）であり、1行のコードから構成されます。その下のコードは、このアルゴリズムに伴う超母数を指定しています。

n_estimators　決定木の数を設定します。木の数が多くなると一般的に精度が（ある点までは）改善されますが、必然的にモデルの実行時間が長くなることに留意してください。ここでは最初の設定値として150本の決定木を選択しました。

learning_rate　追加の決定木が全体の予測に与える影響の割合を制御します。**learning_rate** の設定によって、それぞれの木の（全体に対する）貢献の度合いを実質的に減少させます。ここで、0.1といった低い割合を設定すると、モデルの精度の改善に役に立つことでしょう。

max_depth　それぞれの決定木に対する層（深さ（depth））の最大値を定義します。"None" を選択したときは、すべての葉が純粋になるか、すべての葉が **min_samples_leaf** より少ない数のサンプルを含むようになるまでノードが拡張されます。ここでは層の最大値を大きくとりましたが（30）、その結果、最終的な出力に劇的な影響を与えました。これについてはすぐに確認します。

min_samples_split　新しく二分割を行うために必要なサンプルの最小値を定義します。たとえば、**min_samples_split = 10** は新しい枝を生成するために10個の利用可能なサンプルがなければならないという意味になります。

min_samples_leaf　新しい枝が生成される際にそれぞれの子ノード（葉）に現れなければならないサンプルの最小値を設定します。この設定によって、二分割の結果、一方の葉における過小なサンプル数として現れ

る、外れ値や異常値の影響を軽減することができます。たとえば、**min_samples_leaf = 4** という設定では、新たに枝を生成する際には、葉一つあたり少なくとも4つの利用可能なサンプルが存在しなければならないことになります。

max_features 最良の分割を決定するときにモデルに提示される属性の総数です。13章で述べた通り、ランダムフォレストと勾配ブースティングでは、あとで採択の対象となる多様性のある結果を生成するために、個別の木に対して与える属性の数を制限します。

　整数の場合、モデルはそれぞれの分割において **max_features** 個の属性を考慮します。値が浮動小数点数（たとえば0.6）の場合は、**max_features** はランダムに選択される属性の全体に対する割合になります。これは最良の分割を決定するために考慮する属性の最大数を設定しますが、初期に分割を行うことができなかった場合には、属性の総数は設定された上限を超えることがあります。

loss モデルの誤差の大きさを計算します。この演習では、**huber** を使い、外れ値と異常値からの影響を受けないような計算を行っています。他の誤差の大きさの（計算方法の）選択肢として **ls**（最小二乗回帰）、**lad**（最小絶対偏差）、**quantile**（分位点回帰）があります。**huber** は実際には最小二乗回帰と最小絶対偏差の組み合わせの手法です。

　勾配ブースティングの超母数についてのより詳細な情報については、このアルゴリズムに対する Scikit-learn のドキュメント[2]を参照してください。

　モデルの超母数の設定後は、Scikit-learn の **fit()** 関数を用いて訓練データを変数 **model** 内に格納された学習アルゴリズムに結びつけ、予測モデルの訓練を行います。

```
model.fit(X_train, y_train)
```

---

[2]　"Gradient Boosting Regressor," *Scikit-learn*, http://scikit-learn.org/stable/modules/generated/sklearn.ensemble.GradientBoostingRegressor.html

6) 結果の評価

　モデルが訓練された後は、Scikit-learn の **predict()** 関数を用い、**X_train** データを入力としてモデルを実行させ、実際の **y_train** データに対する予測性能を評価します。最初の方で触れた通り、この演習ではモデルの精度を評価するために平均絶対誤差を利用しています。

```
mae_train = mean_absolute_error(y_train, model.predict
(X_train))
print ("Training Set Mean Absolute Error: %.2f" % mae_
train)
```

　ここで、**y_train** の値を入力していますが、これは訓練データセットから得られる正しい結果を示します。**predict()** 関数は **X_train** セットに対して呼び出され、予測結果を生成します。次に、**mean_absolute_error** 関数で実際の値とモデルの予測値の間の差異を比較します。そして、コードの2行目で、結果を小数点以下2桁で、文字列（文章）"**Training Set Mean Absolute Error:**"と一緒に表示します。次に同じプロセスをテストデータを用いて繰り返します。

```
mae_test = mean_absolute_error(y_test, model.predict(X_
test))
print ("Test Set Mean Absolute Error: %.2f" % mae_test)
```

　右クリックして "Run" を選択するか、Jupyter Notebook のメニューから Cell > Run All を選択して、モデル全体を実行してみましょう。
　コンピュータによる訓練モデルの処理には30秒かそれ以上待ちます。下に示したように結果はノートブックの下端に表示されます。

```
Training Set Mean Absolute Error: 27834.12
Test Set Mean Absolute Error: 168262.14
```

　このモデルでは、訓練セットの平均絶対誤差は $27,834.12 であり、テス

トセットの平均絶対誤差は $168,262.14 です。このことは、平均的に訓練セットでは実際の物件価格を $27,834.12 だけ計算ミスしていることを意味します。一方でテストセットにおいては平均的に物件価格を $168,262.14 だけ計算ミスしています。

　この結果は、訓練データ内の物件の実際の価格の予測については訓練モデルは正確であったことを意味します。$27,834.12 はとても大きな金額に見えますが、この平均誤差の値は、データセット内の値の最大の範囲（データセット内の最大値と最小値の差）が $8,000,000 になることを考えると小さいと言えます。データセット内の多くの物件（の価格）が7桁を超える（$1,000,000 以上）ため、$27,834.12 は十分に低い誤差の大きさだと考えることができます。

　ではテストデータの場合には、どの程度モデルはうまく予測できたのでしょうか？　テストデータでの平均誤差の大きさは $168,262.14 であり、訓練データのときよりも予測は正確さに欠けました。訓練データとテストデータの間の予測精度の乖離は、多くの場合モデルの過適合を意味します。モデルは訓練データのパターンに合わせて調整されているため、テストデータを用いて予測を行う際にはうまくいきませんでした。多分このテストデータには、モデルが今まで扱っていなかった新しいパターンが含まれていたのでしょう。テストデータは、もちろん、少し異なるパターンや新しい外れ値や異常値とみなし得る値を含むこともあります。

　しかし、この場合においては、訓練データとテストデータの間の結果の違いは通常より悪くなっています。これは、モデルを訓練データに過適応するように設定したからです。この問題の具体的な原因の1つは、**max_depth** を "30" に設定したことです。最大の層の深さを大きくすることによってモデルが訓練データ内のパターンを発見する可能性を高めることができますが、このような設定は過適合を引き起こしがちです。

　最後に、訓練データとテストデータがランダムに並べ替えられ、データが決定木にランダムに投入されたために、予測結果は皆さんのコンピュータで再実行される際には少し異なってくることはご注意ください。

16 モデル最適化

前章では、「教師ありモデル」を作りました。ここからは、新たなデータでの予測における精度を改善して、過学習の影響を減らしていきましょう。

はじめにやるべきことは、モデルの超母数を修正することです。他の超母数はそのままとして、最大の深さを「30」から「5」に調整することから始めましょう。モデルを実行すると、次のような結果が出力されます。

Training Set Mean Absolute Error: 135283.69

ここでは訓練セットの平均絶対誤差は以前より大きくなりましたが、これは過学習の問題を緩和しているという面もあるので、モデルの性能は改善していると言えます。

モデルを最適化する次の段階として、ツリーを追加します。**n_estimators** を 250 に設定すると、モデルから次の結果が出力されます。

Training Set Mean Absolute Error: 124469.48
Test Set Mean Absolute Error: 161602.45

この 2 番目の最適化は、訓練セットの絶対誤差の大きさを約 11,000 ドル分削減し、訓練セットとテストセットの平均絶対誤差の差は小さくなっています [1]。

---

[1] 機械学習では、テストデータはモデルを最適化するためにではなく、モデルの性能を評価するためだけに用いられます。テストデータをモデルの構築と最適化に用いることができないので、データサイエンティストは検証セットと呼ばれる 3 つ目の独立したデータセットをよく用います。最初のモデルを訓練セットで構築した後、検証セットを予測モデルに投入し、モデルの超母数を最適化するためのフィードバックとして利用します。テストセットはその後、最終的なモデルの予測誤差を評価するために用いられます。

この２つの最適化から分かることは超母数の大切さです。この教師あり機械学習のモデルを読者が再現する場合には、超母数をそれぞれ個別に修正し、訓練データを使ったときの平均絶対誤差への影響を分析することをお勧めします。分析を行うと、選択した超母数によって処理時間に変化があることに気づくでしょう。枝の最大層数（**max_depth**）を、たとえば、「30」から「5」に変えることは、処理時間の合計を劇的に減らします。処理速度と計算資源は、より大きなデータセットで作業するようになったときの重要な考慮事項となります。

もう１つの重要な最適化手法は、特微量の選択です。前の章で、データセットから９つの特微量を削除しましたが、今はそれらの属性を再検討し、モデルの予測精度に影響があるかどうかをテストする良いタイミングでしょう。「SellerG」は、物件を売っている不動産会社が最終的な売却価格にある程度の影響を与えているかもしれないことから、追加する特微量として注目するべきでしょう。

また、現在のモデルから特微量を削除することで、精度に大きな影響を与えることなく処理時間を短縮することができる可能性もあり、加えて精度を向上させることさえできる可能性があります。

特微量を選択するときは、さまざまな変更を一度に適用するのではなく、特微量のそれぞれの変更を独立して行い、順番にその結果を分析することがよいでしょう。

手作業による試行錯誤は、変数の選択と超母数の影響を理解するために有効な手法ですが、グリッド検索といった、自動化されたモデル最適化手法もあります。グリッド検索では、各超母数についてテストしたい範囲の設定を並べ、系統的に１つ１つのそれら超母数の取り得る値をテストすることができます。そして、最適なモデルを決定するために、自動処理が実行されます。モデルは超母数の可能な組み合わせをくまなく調べる必要があるため、グリッド検索の実行には多くの時間がかかります[2]！　場合によっては、10の累乗の並びで（つまり、0.01、0.1、1、10）比較的粗いグリッド検索を実行して、その後、特定された最良の値を中心に、より細かなグリッド検索を実行することが有効です。Scikit-learn を使用したグリ

---

[2]　実際にモデルを実行すると最大30分かかることもあります。

ッド検索のコード例を、この章の最後に掲載しています。

　アルゴリズムの超母数を最適化する別の方法は、Scikit-learn の RandomizedSearchCV を使用するランダム化検索です。この方法は、グリッド検索と異なり 1 ラウンドあたりより多くの超母数の変更を試みます。（グリッド検索は、1 ラウンドあたり単一の超母数の変更のみです）。これは、各ラウンドにおいて、各超母数にランダムな値を割り当てるためです。ランダム化検索ではまた、試行回数の指定と計算資源の制御が簡単です。一方、グリッド検索では、超母数の組み合わせ全部の数を基に実行が行われ、これはコードを見てもすぐには分からないので、予想以上に時間がかかる場合があります。

　最後に、勾配ブースティングとは異なる教師あり機械学習アルゴリズムを使用したい場合にも、この演習で使用したコードの大部分は再利用できます。たとえば、同じコードを使用して、新しいデータセットのインポート、データフレームのプレビュー、特徴量（列）の削除、行の削除、データセットの分割とシャッフル、そして平均絶対誤差の評価をすることができます。

　公式ウェブサイト http://scikit-learn.org も、この演習で利用した勾配ブースティングやその他のアルゴリズムの学習向けとして優れた資料です。

（次ページ以降のコードについては、著者のウェブサイト
https://scatterplotpress.com/p/dataset
から入手できます。）

Code for the Optimized Model

```python
# Import libraries
import pandas as pd
from sklearn.model_selection import train_test_split
from sklearn import ensemble
from sklearn.metrics import mean_absolute_error

# Read in data from CSV
df = pd.read_csv('~/Downloads/Melbourne_housing_FULL.
csv')

# Delete unneeded columns
del df['Address']
del df['Method']
del df['SellerG']
del df['Date']
del df['Postcode']
del df['Lattitude']
del df['Longtitude']
del df['Regionname']
del df['Propertycount']

# Remove rows with missing values
df.dropna(axis = 0, how = 'any', thresh = None, subset
= None, inplace = True)

# Convert non-numeric data using one-hot encoding
df = pd.get_dummies(df, columns = ['Suburb',
'CouncilArea', 'Type'])

# Assign X and y variables
X = df.drop('Price',axis=1)
```

```
y = df['Price']

# Split data into test/train set (70/30 split) and
shuffle
X_train, X_test, y_train, y_test = train_test_split(X,
y, test_size = 0.3, shuffle = True)

# Set up algorithm
model = ensemble.GradientBoostingRegressor(
    n_estimators = 250,
    learning_rate = 0.1,
    max_depth = 5,
    min_samples_split = 4,
    min_samples_leaf = 6,
    max_features = 0.6,
    loss = 'huber'
)

# Run model on training data
model.fit(X_train, y_train)

# Check model accuracy (up to two decimal places)
mae_train = mean_absolute_error(y_train, model.
predict(X_train))
print ("Training Set Mean Absolute Error: %.2f" % mae_
train)

mae_test = mean_absolute_error(y_test, model.predict(X_
test))
print ("Test Set Mean Absolute Error: %.2f" % mae_test)
```

Code for Grid Search Model

```python
# Import libraries, including GridSearchCV
import pandas as pd
from sklearn.model_selection import train_test_split
from sklearn import ensemble
from sklearn.metrics import mean_absolute_error
from sklearn.model_selection import GridSearchCV

# Read in data from CSV
df = pd.read_csv('~/Downloads/Melbourne_housing_FULL.
csv')

# Delete unneeded columns
del df['Address']
del df['Method']
del df['SellerG']
del df['Date']
del df['Postcode']
del df['Lattitude']
del df['Longtitude']
del df['Regionname']
del df['Propertycount']

# Remove rows with missing values
df.dropna(axis = 0, how = 'any', thresh = None, subset
= None, inplace = True)

# Convert non-numeric data using one-hot encoding
df = pd.get_dummies(df, columns = ['Suburb',
'CouncilArea', 'Type'])

# Assign X and y variables
```

```python
X = df.drop('Price',axis=1)
y = df['Price']

# Split data into test/train set (70/30 split) and
shuffle
X_train, X_test, y_train, y_test = train_test_split(X,
y, test_size = 0.3, shuffle = True)

# Input algorithm
model = ensemble.GradientBoostingRegressor()

# Set the configurations that you wish to test. To
minimize processing time,
limit num. of variables or experiment on each
hyperparameter separately.
hyperparameters = {
    'n_estimators': [200, 300],
    'max_depth': [4, 6],
    'min_samples_split': [3, 4],
    'min_samples_leaf': [5, 6],
    'learning_rate': [0.01, 0.02],
    'max_features': [0.8, 0.9],
    'loss': ['ls', 'lad', 'huber']
}

# Define grid search. Run with four CPUs in parallel if
applicable.
grid = GridSearchCV(model, hyperparameters, n_jobs = 4)

# Run grid search on training data
grid.fit(X_train, y_train)
```

```
# Return optimal hyperparameters
grid.best_params_

# Check model accuracy using optimal hyperparameters
mae_train = mean_absolute_error(y_train, grid.
predict(X_train))
print ("Training Set Mean Absolute Error: %.2f" % mae_
train)

mae_test = mean_absolute_error(y_test, grid.predict(X_
test))
print ("Test Set Mean Absolute Error: %.2f" % mae_test)
```

付録　Python入門

　Python は、1980 年代後半から 1990 年代の初期に、オランダ国立数学・計算機科学研究所のギド・ファン・ロッスム（Guido van Rossum）によって設計されました。Unix シェルのコマンドラインインタープリタや、C や C ++ などの他のプログラミング言語から派生したもので、他の言語よりもコード行数が少なくてすむことで、プログラム作成を省力化できるように設計されています[1]。また Python は他のプログラミング言語とは異なり、他の言語では記号を使用する箇所に、多くの英語のキーワードを取り入れています。

　Python では、入力のコードは Python インタープリタによって読み取られ、出力を行います。不完全な書式、関数名の綴間違い、関係のない文字などのスクリプト中に残されたあらゆるエラーは、Python インタープリタによってチェックされ、構文エラーとして出力されます。

　この章では、Python 3 を使用して流麗で効果的なコードを書くために役立つ、基本的な構文と概念について説明します。

コメント

　コメントを追加することは、コンピュータプログラミングにおいて、コードの目的や内容を明示するための良い習慣です。Python では、#（ハッシュ）文字を使ってコードにコメントを追加できます。ハッシュ文字の後に配置されたものはすべて、Python インタープリタによって無視されます。

---

[1]　Mike McGrath, "Python in easy steps: Covers Python 3.7," In Easy Steps Limited, Second Edition, 2018.

例：
```
# Import Melbourne Housing dataset from my Downloads
folder
dataframe = pd.read_csv('~/Downloads/Melbourne_housing_
FULL.csv')
```

　この例では、コードの2行目が実行される一方、1行目は Python イン
タープリタによって無視されます。

Python のデータ型

　Python のよく使われるデータ型を次表に示します。

名前	説明	見た目の特徴	例
Integer（整数）	整数	小数点なし	50
Floating Point（浮動小数点数）	小数点以下の桁のある数	小数点あり	50.0
String（文字列）	単語と文字	一重引用符または二重引用符	"Fifty5" や 'Fifty5'
Lists（リスト）	値の、順序のある並び	大括弧	[1, 2, 3, 4, 'machine learning']
Tuples（タプル）	値の、順序のあり、かつ変更できない並び。リストとほぼ同一ですが、中の値を変更できない点で異なっています。これにより複雑なコードの一部での意図しない値の変更を防ぎ、データの統一性を保証できます。	括弧	(1, 2, 3, 4)
Dictionaries（辞書）	キーと値の組。キーはファイル名などの文字列で記され、画像や文章といった値と紐付けられます。	中括弧、セミコロン、引用符	{"name": "john", "gender": "male"}
Sets（集合）	互いに区別できる値の、順序のない集まり	中括弧	{"1", "2", "a"}
Boolean（真偽値）	2通りの値	先頭が大文字（T または F）	True または False

表17　よく使われる Python のデータ型

機械学習ではよく、文字列、整数、浮動小数点数を含むリストで作業を
していきます。**文字列変数**は、**文字変数**または**アルファベット数字変数**と
も呼ばれ、アルファベットや数字、あるいはハッシュ（#）またはアンダ
ースコア（_）などの記号を含めることができます。

インデントとスペース

　Python では、関数やループといったコード中の複数の文の集まりを、
インデントを使用してグループ化します。この点が、キーワードや記号に
よってコードブロックを分離する他の言語と異なります。

例：
```
new_user = [
    66.00, #Daily Time Spent on Site
    48, #Age
    24593.33, #Area Income
    131.76, #Daily Internet Usage
    1, #Male
    1, #Country_ Albania
    0, #Country_Algeria
]
```

　式の中のスペースは Python インタープリタには無視されますが（すな
わち、8+4=12 が 8 + 4 = 12 と同じ）、（人間にとって）わかりやすくする
ためには追加できます。

Python における計算

　Python のよく使われる算術演算子を表 18 に示します。

演算子	説明	入力例	出力
+	足し算	2 + 2	4
−	引き算	2 - 2	0
*	掛け算	2 * 2	4
/	割り算	5 / 2	2.5
%	剰余関数（割り算の余り）	5 % 2	1
//	切り捨て割り算（小数点以下の余りを取り除く）	5 // 2	2
**	べき乗	2 ** 3	8

表 18　よく使われる Python の算術演算子

Python は、標準的な数学における演算の順序に準拠しており、たとえば、掛け算・割り算は、足し算・引き算の前に実行されます。

例：

```
2 + 2 * 3
```

この式の出力は（(2 * 3) + 2）より 8 となります。

標準的な計算と同様に、括弧を追加すると計算順序を変更できます。

例：

```
(2 + 2) * 3
```

この式の出力は（4 * 3）より 12 となります。

変数への代入

コンピュータプログラミングでは、変数の役割は、後で使用するためにデータの値をコンピュータのメモリに格納することです。これにより、変数の名前を呼ぶことでの Python インタープリタによる前のコードの参照と操作が可能となります。

変数の名前は、次のルールに適合している限り任意に選ぶことができます。

- アルファベット、数字とアンダースコア（A〜Z、0〜9、_）のみを

含む

- 数字ではなく、アルファベットまたはアンダースコアで始まる
- 「return」などの Python のキーワードと一致しない

さらに、変数名では大文字と小文字が区別されるため、**dataframe** と **Dataframe** は 2 つの別の変数と見なされます。

変数への代入には、Python では **=** 演算子を使用します。

例：
```
dataset = 8
```

ただし、Python は、変数名のキーワード間における空白に対応していないため、アンダースコアを変数名のキーワード同士を繋ぐために使用する必要があります。

例：
```
my_dataset = 8
```

保存された値（8）は、これによって変数名 my_dataset を呼ぶことで参照できるようになります。

変数には（その名前の通り）「可変」という性質もあり、変数には異なる値を再び代入することができます。

例：
```
my_dataset = 8 + 8
```
my_dataset の値は今度は 16 となります。

Python の等号演算子は、数学での等号と同じ機能を発揮する訳ではないことに注意が大事です。Python では、等号演算子は変数に値を代入しますが、数学での意味には従いません。

Python で数学の等式を解きたい場合には、等号演算子を追加せずに単純にコードを実行します。

例：
2 + 2

Python はこの場合 4 を返します。

Python で数学的な関係が真か偽かを確認したい場合は、== を使うことができます。

例：
2 + 2 == 4

Python はこの場合 **True** を返します。

ライブラリのインポート

　Web スクレイピングからゲームアプリケーションにいたるまで、Python の可能性には目を見張るものがありますが、すべてを最初からコーディングすることは、難しく時間のかかるプロセスです。

　そこで、事前に作成されたコードと標準化されたルーチンのコレクションであるライブラリが活躍することになります。単純なグラフをプロットしたり、ウェブから中身をスクレイプするために大量にコードを書くのではなく、既存のライブラリを利用する 1 行のコードによって、高度に進んだ機能を実行することができます。

　Web スクレイピング、データの可視化、データサイエンスなどに利用できる無料のライブラリが豊富に用意されており、機械学習向けの特によく使われるライブラリは、Scikit-learn、Pandas、NumPy です。NumPy および Pandas ライブラリは、1 行のコードでインポートできますが、Scikit-learn の場合は、複数行のコードで個別のアルゴリズムや関数を指定する必要があります。

例：
```
import numpy as np
import pandas as pd
from sklearn.neighbors import NearestNeighbors
```

上記のコードを実行することで、Sklearn.neighbours より NumPy、Pandas、NearestNeighbors をインポートし、これ以降のコードで **np**、**pd**、**NearestNeighbors** として呼び出せるようにしています。Scikit-learn の他のアルゴリズムや、別のコードライブラリ向けのインポートコマンドについてはオンラインでドキュメントを参照してください。

データセットのインポート

CSV データセットは、Pandas コマンドの **pd.read_csv()** を使用して、ホスト中のファイルから Pandas データフレームとして Python の開発環境にインポートします（表形式のデータセットの場合）。ホスト中のファイル名は、カッコ内で一重引用符または二重引用符で囲む必要があることに注意してください。

また、変数にデータセットを代入する場合は等号演算子を使用する必要がありますが、変数を用いるとコードの他のところでデータセットを呼び出すことができます。たとえば、**dataframe** という変数を呼び出したとき、Python インタプリタはプログラムがこの **dataframe** という名前でインポート、格納されたデータセットを指し示していると解釈します。

例：
```
dataframe = pd.read_csv('~/Downloads/Melbourne_housing_FULL.csv')
```

画面表示関数

print() 関数は、括弧内のメッセージを画面表示するために使用され、Python で最もよく使用される関数の１つです。その単純な機能性、すなわち表示したいものをそのまま表示するということから、重要なプログラミング機能ではなく、不必要にも思われるかもしれません。

しかし、それは違います。

まず、print はデバッグ（コードエラーの発見と修正）に役立ちます。たとえば、変数の値の調整後に、print 関数を使うことによって現在の値を確認できます。

入力：
```
my_dataset = 8
my_dataset = 8 + 8
print(my_dataset)
```
出力：
```
16
```

　もう１つの一般的な使用法は、処理の対象ではない情報を文字列として画面表示することです。つまり、括弧で囲まれた文字列はコンピュータによって直接画面表示され、コードの他の要素と相互作用しないように働きます。

　コードのコメント（#）は出力として現れないのに対して、この使い方は、コードの動きに出力された注釈を付けることになるため、コードに文脈と明快さを与えることができます。

入力：
```
print ("Training Set Mean Absolute Error: %.2f" % mae_
train)
```
出力：
```
Training Set Mean Absolute Error: 27834.12
```

　たとえば、この print 文を実行すると Python インタプリタが結果を出力するときに何を実行したかが分かります。この **print("Test Set Mean AbsoluteError:")** 文がないと、ユーザに見えるのは、コード実行後の何も手掛かりのない数字だけになります。

　括弧内の文字列は二重引用符 " " または、一重引用符 ' ' で囲む必要があることに注意してください。一重引用符で始まり、二重引用符で終わるなど、一重引用符と二重引用符を混ぜて使うのは正しくありません。

　print 文は、コードを実行する際に引用符を自動的に削除します。もし、出力に引用符を含めたい場合は、以下に示すように二重引用符の内部に一重引用符を追加する必要があります。

入力：
```
print("'Test Set Mean Absolute Error'")
```
出力：
```
'Test Set Mean Absolute Error'
```

入力：
```
print("What's your name?")
```
出力：
```
What's your name?
```

索引

　索引は、リストや文字列のようなデータ型内部から一つの要素を選択する方法です。データ型の各要素は、0から始まる数値で索引付けされていて、各要素は大括弧内に索引番号を書くことにより指示できます。

例：
入力：
```
my_string = "hello_world"
my_string[1]
```
出力：
```
e
```
　この例では、要素の指示により e が返されます。

要素：	h	e	l	l	o	_	w	o	r	l	d
索引：	0	1	2	3	4	5	6	7	8	9	10

　もう一つの例です。

例：
入力：
```
my_list = [10, 20 , 30 , 40]
my_list[0]
```

出力：
10

この例では、要素の指示により 10 が返されます。

要素：	10	20	30	40
索引：	0	1	2	3

要素の切り出し

データの集まりから一つの要素を取り出すのではなく、コロン (:) を用いた要素の切り出しによって、特定の複数の要素を取り出すことができます。

例：
入力：
```
my_list = [10, 20, 30, 40]
my_list[:3]
```
出力：
```
10, 20, 30
```
この要素の切り出しは、索引番号 3 までの、ただし索引番号 3 は含まない要素を表し、従って 10、20、30 の値を返します。

例：
入力：
```
my_list = [10, 20, 30, 40]
my_list[1:3]
```
出力：
```
20, 30
```
この要素の切り出しは、1 から始まり、索引番号 3 までの、ただし索引番号 3 は含まない要素を表し、従って 20、30 の値を返します。

補章　開発環境

　14章までで多くのアルゴリズムの概要を学びました。この補章では、機械学習のコーディングという要素に注目して開発環境のインストールについて説明します。

　プログラミング言語に関してはさまざまな選択肢がありますが（概要は3章）、簡単に習得できることと、業界やオンラインの学習コースで広く使用されていることから、これから3章に渡る演習ではPythonを使用しています。Pythonでのプログラミングまたはコーディングの経験がなくても、心配する必要はありません。手順を理解するためには、気軽にコードを読み飛ばして説明の文章に注目しましょう。Pythonでのプログラミング入門書も、この本の付録セクションに含まれています。

　開発環境として、これからJupyter Notebookをインストールします。Jupyter Notebookは、コードのノートブックの編集と共有ができるオープンソースのWebアプリケーションで、AnacondaディストリビューションまたはPythonのパッケージマネージャpipを使ってインストールできます。

　経験豊富なPythonユーザーであれば、Jupyter Notebookをpip経由でインストールすることを望むかもしれません。その場合、この方法の概要を説明したJupyter NotebookのWebサイト（http://jupyter.org/install.html）で手順を確認することができます。

　初心者には、簡単にクリックとドラッグで設定できるAnacondaディストリビューションを利用する方法をお勧めします（https://www.anaconda.com/products/individual/）。このインストール方法では、AnacondaのWebサイトを開き、そこでWindows、macOS、またはLinuxから好みのオペレーティングシステム（OS）を選択します。OSを選択すると、今度は、AnacondaのWebサイトでは選択したOS向けのインストール手順を確認することができます。

PCにAnacondaをインストールすると、様々なデータサイエンス向けのアプリケーション、なかでもRStudio、Jupyter Notebookや、データの視覚化用のgraphvizなどを使えるようになります。この演習では、Jupyter Notebookタブ内部の「Launch」をクリックしてJupyter Notebookを選択します。

図60　Anaconda Navigatorのポータル画面

　Jupyter Notebookを起動するには、ターミナル（Mac/Linux）やコマンドプロンプト（Windows）から次のコマンドを実行します。

jupyter notebook

　ターミナル／コマンドプロンプトは、ウェブブラウザにコピー／貼り付けできるURLを生成します。
　例：http://localhost:8888/

　生成されたURLをコピーしてウェブブラウザに貼り付け、Jupyter Notebookを読み込みます。ブラウザでJupyter Notebookを開いたら、新しいノートブックプロジェクトを作成するための、Webアプリケーシ

170

ョンの右上の角の「New（新規）」をクリックし、「Python 3.」を選択します。

これでコーディングを開始する準備が整いました。

次に、Jupyter Notebook での作業の基本を紹介しましょう。

図61　新しいノートブックのスクリーンショット

ライブラリインポート

Python でのどの機械学習プロジェクトであってもその最初のステップは、必要なコードのライブラリをインストールすることです。これらのライブラリは、データの構成や達成したいこと（データの視覚化、アンサンブルモデリング、ディープラーニングなど）に基づき、プロジェクトごとに異なります。

```
In [ ]:   # Import library
          import pandas as pd
```

図62　Pandas のインポート

上記のコード断片は、機械学習で広く使用される Python ライブラリである Pandas をインポートするコードの例です。

データセットのインポートとプレビュー

これで **Pandas** を使用してデータセットをインポートできます。

この演習向けには、kaggle.com が無料で一般に公開しているデータセ

ットである、オーストラリアのメルボルンの、一戸建て、アパートメント
やタウンハウスの価格についてのデータを含むものを選択しました。この
データセットは、www.domain.com.au に毎週投稿される、一般に公開さ
れているリストから集められたデータで構成されています。完全なデー
タセットは 34,857 件の物件と、住所、地区、土地の広さ、部屋数、価格、
経度、緯度、郵便番号など 21 の変数が含まれます。

Melbourne_housing_FULL データセットは、次のリンクからダウンロ
ードできます。

https://www.kaggle.com/anthonypino/melbourne-housing-market/

無料のアカウントを登録して kaggle.com にログインした後、zip ファ
イルとしてデータセットをダウンロードします。

次に、ダウンロードしたファイルを展開し、Jupyter Notebook にイン
ポートします。

データセットをインポートするには、**pd.read_csv** を使用して、デー
タを Pandas データフレームに読み込めます（表形式のデータセットの場
合）。

```
df = pd.read_csv ('~/Downloads/Melbourne_housing_FULL.csv')
```

このコマンドは、データセットを Jupyter Notebook に直接インポートし
ます。ただし、ファイルパスは、データセットの保存場所とコンピュータ
のオペレーティングシステムによって変わることに注意してください。た
とえば、CSV ファイルを Mac のデスクトップに保存した場合には、次の
コマンドを使用して .csv ファイルをインポートする必要があるでしょう。

```
df = pd.read_csv ('~/Desktop/Melbourne_housing_FULL.csv')
```

著者の場合、Downloads フォルダからデータセットをインポートしま
した。機械学習とデータサイエンスを進めていくには、データセットとプ
ロジェクトを整理された状態で取り扱うために、個別の名前付きフォルダ
ーに保存することが重要です。Jupyter Notebook と同じフォルダに .csv
を保存することを選択した場合には、ディレクトリ名または ~/ を追加す

る必要はありません。

```
In [ ]:  # Import library
         import pandas as pd

         # Read in data from CSV as a Pandas dataframe
         df = pd.read_csv('~/Downloads/Melbourne_housing_FULL.csv')
```

図63　データフレームとしてデータセットをインポートする

　Windowsのデスクトップに保存した場合は、.csvファイルをこの例と同じようなパスの構成を使ってインポートできます。

```
df=pd.read_csv('C:\\Users\\John\\Desktop\\Melbourne_
housing_FULL.csv')
```

　次に、**head()**コマンドを使ってデータフレームをプレビューしてみましょう。

```
df.head()
```

　右クリックして"Run"を、またはJupyter NotebookメニューのCell > Run Allを選びます。

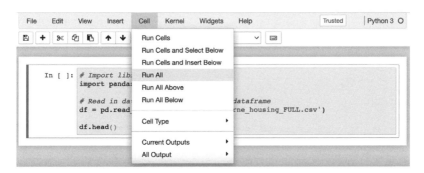

図64　ナビゲーションメニューのRun All

これにより、図65のようにJupyter Notebook中のPandas データフレームとしてデータセットが入力されます。

```
In [6]:  # Import library
         import pandas as pd

         # Read in data from CSV as a Pandas dataframe
         df = pd.read_csv('~/Downloads/Melbourne_housing_FULL.csv')

         df.head()
```

Out[6]:

	Suburb	Address	Rooms	Type	Price	Method	SellerG	Date	Distance	Postcode	...	Bathroom	Car	Landsize
0	Abbotsford	88 Studley St	2	h	NaN	SS	Jellis	3/09/2016	2.5	3067.0	...	1.0	1.0	126.0
1	Abbotsford	85 Turner St	2	h	1480000.0	S	Biggin	3/12/2016	2.5	3067.0	...	1.0	1.0	202.0
2	Abbotsford	25 Bloomburg St	2	h	1035000.0	S	Biggin	4/02/2016	2.5	3067.0	...	1.0	0.0	156.0
3	Abbotsford	18/659 Victoria St	3	u	NaN	VB	Rounds	4/02/2016	2.5	3067.0	...	2.0	1.0	0.0
4	Abbotsford	5 Charles St	3	h	1465000.0	SP	Biggin	4/03/2017	2.5	3067.0	...	2.0	0.0	134.0

5 rows × 21 columns

図65　Jupyter Notebook のデータフレームをプレビューする

head() コマンドを使用して表示されるデフォルトの行数は5です。表示する行数を変える場合は、次の図66に示すように括弧の中に直接行数を入力します。

df.head(10)

```
In [2]:  # Import library
         import pandas as pd

         # Read in data from CSV as a Pandas dataframe
         df = pd.read_csv('~/Downloads/Melbourne_housing_FULL.csv')

         df.head(10)
```

Out[2]:

	Suburb	Address	Rooms	Type	Price	Method	SellerG	Date	Distance	Postcode	...	Bathroom	Car	Landsize
0	Abbotsford	68 Studley St	2	h	NaN	SS	Jellis	3/09/2016	2.5	3067.0	...	1.0	1.0	126.0
1	Abbotsford	85 Turner St	2	h	1480000.0	S	Biggin	3/12/2016	2.5	3067.0	...	1.0	1.0	202.0
2	Abbotsford	25 Bloomburg St	2	h	1035000.0	S	Biggin	4/02/2016	2.5	3067.0	...	1.0	0.0	156.0
3	Abbotsford	18/659 Victoria St	3	u	NaN	VB	Rounds	4/02/2016	2.5	3067.0	...	2.0	1.0	0.0
4	Abbotsford	5 Charles St	3	h	1465000.0	SP	Biggin	4/03/2017	2.5	3067.0	...	2.0	0.0	134.0
5	Abbotsford	40 Federation La	3	h	850000.0	PI	Biggin	4/03/2017	2.5	3067.0	...	2.0	1.0	94.0
6	Abbotsford	55a Park St	4	h	1600000.0	VB	Nelson	4/06/2016	2.5	3067.0	...	1.0	2.0	120.0
7	Abbotsford	16 Maugie St	4	h	NaN	SN	Nelson	6/08/2016	2.5	3067.0	...	2.0	2.0	400.0
8	Abbotsford	53 Turner St	2	h	NaN	S	Biggin	6/08/2016	2.5	3067.0	...	1.0	2.0	201.0
9	Abbotsford	99 Turner St	2	h	NaN	S	Collins	6/08/2016	2.5	3067.0	...	2.0	1.0	202.0

10 rows × 21 columns

図66 データフレームを10行分プレビューする

これはデータフレームの10行分のプレビューとなります。さらに全体の行と列の数（10行×21列）がデータフレームの下の左側に表示されていることに気づくでしょう。

行アイテムを見つける

head コマンドはデータフレームの構成の大まかな把握のためには便利ですが、数百や数千行からなるデータセットから特定の情報を見つけるのは困難です。機械学習では、行の名前として行番号を照合することによって、特定の行の位置を知る必要があることがよくあります。たとえば、機械学習のモデルが、行100が潜在的な購入者に推奨するのに最も適した家であると見つけた場合、データフレームのどの家がそれなのかを確認する必要があります。

これは、次に示すように **iloc[]** コマンドを使用することで達成でき
ます。

```
In [3]:  # Import library
         import pandas as pd

         # Read in data from CSV as a Pandas dataframe
         df = pd.read_csv('~/Downloads/Melbourne_housing_FULL.csv')

         df.iloc[100]

Out[3]:  Suburb                        Airport West
         Address                       180 Parer Rd
         Rooms                                    3
         Type                                     h
         Price                               830000
         Method                                   S
         SellerG                              Barry
         Date                            16/04/2016
         Distance                              13.5
         Postcode                              3042
         Bedroom2                                 3
         Bathroom                                 1
         Car                                      2
         Landsize                               971
         BuildingArea                           113
         YearBuilt                             1960
         CouncilArea        Moonee Valley City Council
         Lattitude                         -37.7186
         Longtitude                         144.876
         Regionname            Western Metropolitan
         Propertycount                         3464
         Name: 100, dtype: object
```

図67　.iloc[]を使って行を見つける

　この例では、**df.iloc[100]** が、データフレーム中の行100として索
引付けされた行を見つけており、これは Airport West にある物件です。
Python データフレームの最初の行は0として索引付けされるので注意し
てください。したがって、Airport West の物件は上から数えると、デー
タフレームに含まれる101番目の物件です。

列の表示
　ここで紹介したい最後のコードは **columns** で、これは、データセット
の列タイトルを表示する便利な方法です。これが、モデルからどの特徴量
を選び、変更し、削除するかを設定するときに役立つことが後で分かるで

176

しょう。

df. columns

```
In [5]:   # Import library
          import pandas as pd

          # Read in data from CSV as a Pandas dataframe
          df = pd.read_csv('~/Downloads/Melbourne_housing_FULL.csv')

          df.columns
Out[5]:   Index(['Suburb', 'Address', 'Rooms', 'Type', 'Price', 'Method', 'SellerG',
                 'Date', 'Distance', 'Postcode', 'Bedroom2', 'Bathroom', 'Car',
                 'Landsize', 'BuildingArea', 'YearBuilt', 'CouncilArea', 'Lattitude',
                 'Longtitude', 'Regionname', 'Propertycount'],
                dtype='object')
```

図68　columns の表示

もう一度、コードを「Run」して結果を表示します。この場合は21個
の列タイトルと、そのデータ型（dtype）が表示され、データ型は object
です。

いくつかの列タイトルの綴が間違っていると気づいたかもしれません
ね。この問題については、15章で議論しましたので参照ください。

章末問題解答

6章

1) D　チップの額
2) B　支払総額と人数
   （ほとんどの行で、この2つの変数が増加すると、チップの額がだいたい増加しているのが見て取れます。他の変数でチップの額と相関しているものがあるかもしれませんが、ここでの10行のデータからは明確には判断できません。）
3) 間違い
   （なるべくならば、独立変数同士はお互いに強く相関しないほうがよい。）

7章

1) D　種、島名、性別
2) 第3行、第8行、第9行（NaN＝値不明）
3) 性別
   （種や島名も2値変数かもしれませんが、ここで提示されている表からのみでは判定できません。）

8章

1) A　性別
   （2値変数は、モデルの精確性に重要な影響を及ぼすときのみ使うべきです。）
2) B　kを5から3に減らす
3) One-hot エンコーディング
   （変数を0か1の数値識別子に変換するために用います。）

9 章

1) C　k = 12

(1 年は 12 か月であることから、1 年周期の各月において航空機に乗る乗客数のパターンが再現される可能性があるためです。)

2) C　スクリープロット

3) 月

(この変数は、他の変数との距離を測定するために、数値識別子（数値変数）に変換する必要があります。)

11 章

1) A　島名

2) C　「島名」を除いたすべての変数

3) 標準化と正規化

12 章

1) 2 つのノード（オスとメス）

2) くちばしの長さ、くちばしの縦幅、羽の長さ、体重

3) B　ロジスティック回帰

訳者より

2値で分類するモデル

　12章で説明されたように多層パーセプトロンでは活性化関数が用いられますが、12章章末問題の関数の出力も、2値（0と1）となります。

　12章章末問題3）の選択肢の中で、このような2値の出力をする関数は、B：ロジスティック回帰のみです。

　A：単回帰とD：多重回帰では、出力はあらゆる連続な実数を取り、C：k-平均法クラスタリングは出力が存在しないため、正解ではありません。

13章

1)　「体重」を除くすべての変数

　　（ランダムフォレスト等、ツリー構造の入力データとして、離散と連続の両方の変数を用いることができます。）

2)　正しくない

　　（勾配ブースティングは、順番に学習するため、遅くなります。ランダムフォレストは、同時に学習するため速いです。）

3)　A　決定木

訳者あとがき

　社会の変化は、技術革新によって新たな方向性を示しながら進んできています。歴史的にみてみると、まず18世紀の産業革命により蒸気機関が発明され、多くの人やモノの移動が行われるようになっています。これにより時間も労力も人間にとって多くの利をもたらすという変化が起こりました。次に電気が発明され、蒸気から電気による動力の技術変化は、人間社会にとってさらなる効率化をもたらしました。そしてインターネット技術の出現による社会変化は、第三次産業革命を経て第四次産業革命となり、データ活用によるデジタル化はDX（Digital Transformation：デジタル革新）という言葉も生まれ新たな変革が期待されています。読者のみなさんは、そのデジタル化のまさに渦中にあり、日々の変化を実感されて本書を手にとってくださったと推察いたします。

　このような社会変化をもたらすデジタル化の技術革新の渦中で、人工知能（AI：Artificial Intelligence）は1番のスポットライトを浴びているといっても過言ではありません。従来の技術革新とは異なり、知能という単語から人間に直結しているイメージもあり、自分事として事象を投影したり、想像を膨らませることができる技術だからと思われます。

　このような背景をもつ人工知能の技術については、1950年代後半から第1次ブーム、1980年代の第2次ブームを経て、現在第3次ブームとも言われています。ブームが繰り返されているのは、ハード技術による進化が影響しているためですが、そのブームは期待と現実のギャップにより持ち上げられたりがっかりされたりという繰り返しでもありました。

　また、人工知能の技術は第一次産業革命の蒸気、第二次産業革命の電気にみられる技術とは異なる点もあります。蒸気、電気などの動力は科学技術の発明により、その技術の拡大路線を進めることによって社会変化を推し進めることができる技術です。一方で、第三次産業革命以降の技術は、ハードウェアの技術に加えて、プログラミング技術という人間が作らなければならないソフトウェアを必須としているところに特徴があります。こ

のため、ソフトウェアの技術革新も必要条件となってくるわけです。もし機械であるコンピューターが自動的にソフトウェアを開発できるようになれば、シンギュラリティといわれる機械に人間が繰られる世界が到来することになるのですが、ここは将来の技術革新がどうなっていくかに委ねることになるでしょう。

そのような環境下で、現在の AI 第 3 次ブームは、ハードウェアや通信の技術進歩によりビッグデータといわれる大規模、大量データの発生により到来しました。そして、AI として括られてはいますが、ビッグデータを使う機械による学習技術をソフトウェアによりプログラミングすることができるようになり、その代名詞となる機械学習は、現在の人工知能ブームでは中核となる技術となっています。

本書はこのような機械学習をわかりやすく紹介している "Machine Learning for Absolute Beginners" の第 3 版の全訳です。実は着手したのは第 2 版であり 2019 年に複数訳者で分担し、2020 年には刊行しさまざまなシーンでの人材育成に活用する予定でしたが、コロナ禍と原作者の第 3 版の改版が重なり、結果として最新版を刊行することができました。

本書はタイトルにあるように「予備知識ゼロから」というコンセプトのもと、対象の読者の皆様をあえて「超初心者」に設定にしているところが魅力となっています。機械学習に少しでも興味をお持ちである読者の皆様が予備知識はなくても本書を読み進めて頂けるのは、機械学習に関する基本的な情報について網羅されている点、また、その内容について理解の入口に導いている点、そしてそれを実際に活用できる例題までを簡潔な文章で表現している点であるといえます。

機械学習や AI の入門書は数多く出版されていて、目的別に深度や表現内容が多種多様です。選択する際にも目的別に応じて選ぶことをお勧めしますが、本書はまずは全体像の理解としての言葉や考え方の理解をするために有効であり、大学の初年次向けの講義内容となるイメージになっています。

本書では先述したように予備知識ゼロである超初心者向けに執筆された

原書をわかりやすく翻訳し、日本の読者向けの表現にしています。

内容について少しご紹介しましょう。

1章、2章では概要の内容となっています。

3章から5章では、機械学習を始める際にとても重要な作業となる、ツールやデータの整備や準備について説明しています。

6章からは各技法について章ごとに解説していますが、11章のサポートベクターマシン、12章のニューラルネットワーク、13章の決定木まで盛り込まれており、各種技法を一通り学べる入門書の構成となっています。

必要に応じて章末に簡単な章末問題もあり、理解度の確認もできるようになっています。

なお、原著では「Pythonによるモデル構築」の直前にあった「開発環境」の章は、日本の事情に鑑み、巻末に「補章」として移しました。

本書は知識ゼロからの超初心者向けに構成されています。そして、基本的なしくみを理解することによって、すでにデータサイエンティストが開発した、またはこれから開発しようとしている難解なアルゴリズムについては、それを活用したり、応用したりという新しいアイデアにつなげることができるはずです。もちろん、より深く、どれかの技術を学びたいという興味やトリガーとなれば、専門書に進んでいただき知識や技術レベルを上げていただければと思います。

このため、ぜひ、最後まで広く浅くの知識を吸収するためにお読みいただきたいと思います。

繰り返しになりますが、第四次産業革命では、その技術を人間が作り、人間が使うことによって社会をよりよく変革することが期待されています。どのように変革するかは自分たちで考える必要があります。したがって、産業にかかわらず、文系理系にかかわらず、また、経歴や実績にも関わらず、もちろん学生、社会人にかかわらず、変革を実践できるはじめの一歩としての知識を獲得するために、みなさまにぜひお読みいただければ幸いです。

最後に、本書翻訳の企画をスタートさせて下さった東京図書編集部のみなさまには原書と訳者間の橋渡しや刊行にあたっての多大なるご支援をしていただき大変感謝しています。

　2021 年 11 月

訳者代表

河合美香

森　一将

索 引

■著者紹介

オリバー・セオバルト（Oliver Theobald）
　オーストラリア出身、
　ロイヤルメルボルン工科大学卒業。
　現在、中国で、Alibaba Group の Ant Group にて勤務し、
　Skillshare.com の機械学習インストラクタも務める。
　Alibaba Cloud や Hoffman Agency での、
　AI、クラウドコンピューティング分野の技術ライターとしての経験も持つ。

■訳者紹介

河合　美香（かわい　みか）（4, 5, 13, 14 章を担当）
　高知工科大学大学院工学研究科基盤工学専攻博士後期課程修了
　博士（学術）
　明星大学経営学部教授

森　一将（もり　かずまさ）（8, 9, 10, 11, 12 章を担当）
　東京大学大学院総合文化研究科広域科学専攻博士課程修了
　博士（学術）
　東京大学教養学部特任講師を経て、
　現在、文教大学経営学部准教授

渡邉　卓也（わたなべ　たくや）（15, 16 章、付録、補章を担当）
　東京大学大学院総合文化研究科広域科学専攻博士課程単位取得退学
　2011 年ヱヂリウム株式会社を設立、代表取締役社長に就任
　日本ソフトウェア科学会、情報処理学会、ACM、IEEE 会員
　2007 年日本ソフトウェア科学会高橋奨励賞受賞

平林　信隆（ひらばやし　のぶたか）（1, 2, 3 章を担当）
　EU ビジネススクール経営学博士（DBA）修了
　経営学博士（DBA）
　共栄大学国際経営学部教授

鈴木　俊洋（すずき　としひろ）（6, 7 章を担当）
　東京大学大学院総合文化研究科広域科学専攻博士課程修了
　博士（学術）
　崇城大学総合教育センター教授

予備知識ゼロからの機械学習 ——最新ビジネスの基礎技術

©Mika Kawai, Kazumasa Mori, Takuya Watanabe, Nobutaka Hirabayashi, Toshihiro Suzuki 2022

2022 年 5 月 25 日　第 1 刷発行　Printed in Japan

著者　オリバー・セオバルト
訳者　河合美香、森一将
　　　渡邉卓也、平林信隆、鈴木俊洋
発行所　東京図書株式会社
　　　〒102-0072 東京都千代田区飯田橋 3-11-19
　　　振替 00140-4-13803　電話 03(3288)9461
　　　http://www.tokyo-tosho.co.jp/
　　　ISBN 978-4-489-02357-6